圖書在版編目（CIP）數據

便民圖纂／（明）鄺璠撰．—揚州：廣陵書社，2009.2
（2014.2 重印）
ISBN 978-7-80694-419-6

Ⅰ．便… Ⅱ．鄺… Ⅲ．農學—中國—明代 Ⅳ．S-092.48

中國版本圖書館 CIP 數據核字（2009）第 020705 號

ISBN 978-7-80694-419-6
01>
9 787806 944196

便民圖纂

撰　　者　（明）鄺　璠
責任編輯　嚴　嵐
出 版 人　曾學文
出版發行　廣陵書社
社　　址　揚州市維揚路三四九號
郵　　編　二二五〇〇九
電　　話　（〇五一四）八五二二八〇八八　八五二二八〇八九
印　　刷　揚州文津閣古籍印務有限公司
版　　次　二〇〇九年二月第一版
印　　次　二〇一四年二月第二次印刷
標準書號　ISBN 978-7-80694-419-6
定　　價　肆佰伍拾圓整（全肆册）

http://www.yzglpub.com　E-mail:yzglss@163.com

便民圖纂

（明）鄺璠撰

廣陵書社
中國·揚州

出版説明

《便民圖纂》，明鄺璠撰。璠字廷瑞，任丘（今河北任丘市）人。明弘治六年（一四九三）進士，翌年任蘇州府吴縣（今江蘇蘇州）知縣，官至瑞州（今江西高安市）太守。此書是鄺璠在吴縣任内所編寫，弘治十五年（一五〇二）刊于蘇州，此後多次翻刻，據現存版本與著録看，在弘治至萬曆中期的百餘年間，至少已在蘇州、雲南、貴州等地雕版六次。

全書共十五卷，是一部系統的農家日用百科全書。卷一爲圖畫部分，包括『農務之圖』十五幅和『女紅之圖』十六幅，後爲文字部分。卷二『耕穫類（麻屬附）』，記述以水稻爲主的糧食、油料、纖維作物的栽培、加工和收藏技術；卷三『桑蠶類』，介紹栽桑和養蠶的技術；卷四、卷五爲『樹藝類』，記載了不少有關果樹、花卉、蔬菜的實踐經驗，常爲此後的農書所引述；卷六爲『雜占類』，屬于氣象預測的農諺；卷七『月占類』、卷八『祈禳類』和卷九『涓吉類』則多屬古代陰陽占卜的記録；卷十『起居類』、卷十一、卷十二『調攝類』，講醫藥養生，所載醫方大部摘自宋、元、明的醫書；卷十三『牧養類』，記述家畜家禽的鑒别、飼養和疾病防治；卷十四、卷十五爲『製造類』。

在《便民圖纂》之前，有一部刊刻于成化、弘治之間的《便民圖纂》，十四卷，不題輯者，核其内容，正是《便民圖纂》的祖本。在鄺璠手中形成的《便民圖纂》與《便民纂》相比，有不少改進的地方，使之更適合農家日用之需。第一，將南宋樓璹舊製的《耕織圖》附加在前面，使内容更爲豐富，并將原配古體詩改寫成通俗易懂的吴語竹枝詞，有利于推廣。第二，改變《便民纂》原來的類目次序，擴充農事部分，增益醫方，緊縮其他部分，更爲實用。總之，本書保存了我國古代農耕、醫藥、天文等方面的資料，具有一定的科學文獻價值。

《便民圖纂》弘治初刻本未見流傳，現存有嘉靖甲辰（一五四四）藍印本和鄭振鐸先生遺藏的明萬曆二十一年（一五九三）于永清刻本。嘉靖本插圖甚爲粗率，所以我們選擇了明萬曆本，雙色套印影印出版。萬曆本原書版框高二一九毫米，寬一四六毫米；半頁十行，行二十字；白口，單邊；插圖爲上文下圖式，文約占頁高十分之三，以行楷寫竹枝詞一首；書前有于永清序。鄭氏藏本幾乎是圖文俱全的唯一傳本，尤其這是一個塞上的刻本，插圖爲當時的陝西刻工傳汝光、李援、傅文獻等人所刻，顯示出北方的傳統木刻畫風格，精緻工麗，儀態萬方，在版畫藝術史上極爲珍貴。

廣陵書社

二〇〇九年二月

序

昔漢太子家令晁錯紓籌計邊事募民徙塞實廣虛以威匈奴先爲居室置田具器相其陰陽之和流泉之味土地之宜草木之饒使民樂其業有長居心無他使之也上谷雲中壤接三輔康漢控胡巍然西北重鎮於今稱絶塞馬虜駃以來烽燧無警者二十餘年矣完固阜殷宜蓋倍曩昔乃開陌耗斂鏧懸杼倚蒲饔穖穰不給於南畝而庾鬴韋稪告匱於北山關以北石田斂土蕪穢污萊無耕桑林澤之業一切機利悉倒制於借壤雁民白登以西計文讕滿羼名規役租積逋且萬

計尺伍執殳之夫雕趍脱巾単産辱民飴董荼練緼不鉥袷體乃齎徽習呰窳猥云輸財効力彊腹殊共籍令方内有數千里水旱之灾大庾之金不輦於塞林林寄生之衆将安所哺啜褸䘸慰啼號𢦏史遷有云貧富之道莫之予奪巧者有餘拙者不足汜勝齊民之術顧安

可置弗講也鄺廷瑞氏便民圖纂凡三卷分類凡一十有一列條凡八百六十有六自樹藝占法以及祈消之事起居調攝之節芻牧之宜織瑣製造之事捆摭該備大要以衣食生人為本是故繪圖篇首而附纂其後歌咏嗟嘆以勸勉服習其艱難一切日用飲食治生之具展

卷臚列無煩諮諏所稱便民者非耶余茲付剞劂俾雲谷間家置一帙寓家令意於氾勝齊民之説即齊徽顯謨石田敏土脫也鑊軌是書飭三經而勤四體然後穀畝數盈一歲而再獲然後瓜桃棗李果核一本數以盈鼓然後葷菜百蔬以澤量然後六畜禽獸一切而剸車然後麻葛繭

李禎

絲之屬不可勝衣然後扃志兼味褚藥饗祲百索庶務值事知物者靡不時藏稱數僻壤遐陬鞠爲樂土無賜爵復役擾衣廩食徙置之煩而邑里望助廣虛完安明收實塞之効未必非是書便之也雖然是便民者也非民所能自便者也長民者衣食縣官受若值而數民事

不幾以穀耻乎其務宣厥心力以惠綏拊循若人期會丕審毋奪時徵發有度毋盡力約束有章毋煩令故曰表地捲畝剌草殖穀農夫庶衆之事也利齊百姓使民不偷將率之事也農夫庶衆之事圖纂既纚纚詳之矣將率之事長人者其勗諸

萬曆癸巳仲夏之望青城于永清書

於上谷之嘉樹軒

于氏永清

便民圖纂目錄

卷第一

農務之圖

女紅之圖

卷第二

耕穫類　麻屬附

開墾荒田法

耕田法　治秧田　浸稻種

壅田　收稻種　耘稻

挿秧　揚稻　一

便民圖纂　目錄

收稻　牽礱　春米

藏米　種大麥　種小麥

收麥　藏麥　種蕎麥

種大豆　種黑豆　種菉豆

種豌豆　種蠶豆　種豇豆

種赤豆　種白匾豆　種芝麻

種黃麻　種絡麻　種苧麻

種綿花　種紅花　種靛

種蓆草　種燈草　種杞柳

卷第三

桑蠶類

論桑種　　栽桑　　修桑

壓桑　　接桑　　斫桑

摘桑　　論蠶性　　收蠶種

浴連　　治蠶室　　安槌

下蟻　　用葉　　擘黑

齋蠶　　論涼煖　　論飼養

論分擡　　簇蠶　　擇繭

繅絲　　晚蠶　　十體

三光　　八宜　　三稀

五廣　　雜忌

便民圖纂　目錄

卷第四

樹藝類上

種諸果花木　修治研伐附

梅　　桃　　杏

李　　楊梅　　橘

梨　　花紅　　栗

棗　　柿　　金橘

銀杏　　枇杷　　櫻桃

石榴　　蒲萄　　藕

便民圖纂

目錄

菱　鷄頭　荸薺
茨菰　西瓜　牡丹
芍藥　木犀　海棠
山茶　梔子　瑞香
百合　罌粟　芙蓉
菊花　蜀葵　黄葵金鳳
薔薇　萱草　水仙
雞冠　菖蒲　椒
茶　櫻桃　冬青
槐　楊柳　松杉檜栢

榆　竹　騸諸果樹
修諸果樹　嫁果樹　治果木蠹蟲
辟五果蟲　止鴉鵲食果　採果實法
催花法　養花法　接花法
治麝香觸花　斫竹伐木

卷第五

樹藝類下

種諸色蔬菜
薑　芋　蘿蔔
胡蘿蔔　油菜　藏菜

便民圖纂　目錄　四

芥菜　烏菘菜　夏菘菜
菠菜　甜菜　白菜
莧菜　苦蕒　生菜
苦蕒　萵苣　萵笋
東瓜　王瓜　甜瓜
香瓜　醬瓜　生瓜
絲瓜　葫蘆　瓠
茭白　胡荾　葱
蒜　韭　刀豆
茄　天茄　甘露子
薄荷　紫蘇　山藥

卷第六

雜占類

論日　論月　論星
論風　論雨　論雲
論霧　論霞　論虹
論雷　論電　論氷
論霜　論雹　論雪
論地　論山　論水
論草木　論鳥獸　論龍魚

卷第七　月占類

正月　凡五十一條	二月　凡十一條	三月　凡十四條
四月　凡十條	五月　凡三十一條	六月　凡十條
七月　凡八條	八月　凡六條	九月　凡六條
十月　凡七條	十一月	十二月　凡八條

論雜蟲　　論三旬
論鶴神　　論六甲
論喜神　　論潮汛

便民圖纂　目錄

卷第八　祈禳類

正月　凡四十條	二月　凡六條	三月　凡十一條
四月　凡五條	五月　凡二十條	六月　凡三條
七月　凡六條	八月　凡三條	九月　凡四條
十月　凡七條	十一月　凡三條	十二月　凡七條

卷第九　治吉類

入學	赴舉	上官到任
冠笄	結姻送禮	嫁娶　同納婿
斬草破土	安葬	祈禱
祭祀	祈福	求嗣

便民圖纂 目錄

剃胎頭　斷乳　會客

過房養子　學伎藝　立契（交易）

求財　出財　納財

開庫店肆　入宅歸火　移居

出行　開荒田（同動土）　耕田

浸穀種　下種　插秧

耘田　割禾　開場打稻

種麥　種蕎麥　種麻

種豆　種瓜　種薑

種菜　種葱　種蒜

種芋　種果樹　栽木

移接花木　種作無蟲　浴蠶

出蠶　安蠶架箔　作繰絲竈

經絡（同安機）　開倉　五穀入倉

起工動土　造地墓　起工破土

定硺（同扇架）　堅造　上梁

折屋　益屋　泥屋

偷修　修造門　塞門（塞路築堤水同）

開路　造橋梁（合同起造宅）　造倉庫

修倉庫　造厨　作竈

一六

飲食宜忌　飲酒宜忌　飲食反忌

起居雜忌　人事防閑　營造避忌

起居格言　省心法言　起居之宜

起居類

卷第十

便民圖纂　目錄

解飲食毒

妊娠所忌　　病忌
嬰兒所忌　　孕婦食忌　　服藥忌食
　　　　　　乳母食忌

卷第十一
調攝類上

風　寒　暑
濕　傷寒　痿痺
水腫　鼓脹　癇證
血證　臟毒　痰飲
咳嗽　耳目　咽喉
心腹　腰脅　脚氣
諸虛　諸瘧　消渴
積聚　黃疸　瀉痢
諸淋　疝氣　噎塞
翻胃

卷第十二
調攝類下

瘡腫　諸傷 救急附　雜治
婦人　小兒

卷第十三

牧養類

相牛法　相母牛法　治牛瘴

治牛噎　治牛疥癲　治牛爛肩

治牛漏蹄　治牛咳嗽　治牛尿血

治牛身生蟲　治牛傷熱　治牛尾焦

治牛觸人　治牛腹脹　治牛卒疫

治牛患眼　治水牛患熱　治水牛氣脹

治水牛水瀉　治水牛瘟疫　看馬捷法

相馬毛旋　養馬法　治馬諸病

治馬諸瘡　治馬傷料　治馬傷水

治馬錯水　治馬患眼　治馬頰骨脹

治馬喉腫　治馬舌硬　治馬膈痛

治馬傷脾　治馬心熱　治馬肺毒

治馬肝壅　治馬卒熱肚脹　治馬腎擂

治馬流沫　治馬氣喘　治馬腔喘毛焦

治馬尿血　治馬結尿　治馬結糞

治馬傷蹄　治馬發黃　治馬急起臥

治馬疥癆　治馬梁脊破　治馬中結

常啖馬藥　養羊法　棧羊法

治羊夾蹄　治羊疥癲　治羊中水

便民圖纂　目錄

治羊敗羣　　養猪法　　肥猪法
治豬病　　　養犬法　　治狗病
治狗卒死　　治狗癩　　相貓法
治貓病　　　相鵝鴨法　選鵝鴨種
棧鵝易肥法　養雌鴨法　養雞法
棧雞易肥法　養雞不抱法　養生雞法
治雞病　　　治鬥雞病　養魚法
治鶴病　　　治鹿病　　治猿病
治魚病　　　治鸚鵡病　治鴿病
治百鳥瘡

卷第十四
製造類上

辟穀收荒法　取蟾酥法　法煎香茶
腦麝香茶　　百花香茶　煎茶法
天香湯　　　宿砂湯　　須問湯
熟梅湯　　　鳳髓湯　　香橙湯
造酒麴　　　菊花酒　　收雜酒法
拗酸酒法　　治酒不沸　造千里醋
造七醋　　　收醋法　　造醬
治醬生蛆　　治飯不餿　造酥油

造[illegible]物料法　一了百當
收藏蜜煎果　大料物法　素食中物料法
收藏諸乾果　收藏鬱糖　造蜜煎果
收藏荔枝　收藏榧子　收藏諸青果
收藏藕　收藏栗子　收藏核桃
收藏柑橘　收藏金橘　收藏橄欖
收藏柿子　熟生柿法　收藏桃子
收藏梨子　收藏林檎　收藏石榴
香茄　香蘿蔔　收藏瓜茄
醬茄　糟茄　蒜茄

造脆薑　糟薑　醋薑
煮蛤蜊　煮[illegible]筍　造芥辣汁
酒蟹　醬蟹　酒蝦
酒[illegible]魚　法魚[illegible]　糟蟹
造魚鮓　醃藏魚　糟魚
法製諸肉　[illegible]鴨　造鵝鮓
醃鴨卵　造脯　牛醋鹿脯
夏月收肉　夏月煮肉停久　醃藏鵝鴨等物
燒肉　四時臘肉　收臘肉
造乳餅　收藏乳餅　煮諸肉

卷第十五

製造類下

造雨衣　治塵衣　去墨汗衣

去油汗衣　洗黃泥汗衣　洗蟹黃汙衣

洗青黛汗衣　洗血汗衣　洗皂衣

洗白衣　洗綠衣　洗葛蕉

洗竹布　洗毛衣　洗黃草布

漂苧布　洗羅絹衣　洗漆汗衣

治糞汗衣　練絹帛　漿衣

熏衣除虱　去蠅矢汗　絡絲不亂

收氈物不蛀　收皮物不蛀　收翠花

洗玳瑁魚魷　洗玠珠　洗象牙等物

煮骨作牙　染木作花梨色　刷紫斑竹

硬錫　點鐵爲鋼　磨鏡藥

補瓷碗　補缸　綴假山

穿井　去磚縫草　治炭不爆

留宿火　造衣香　作香餅

煨爐灰　長明燈　點書燈

收書　收畫　背畫不尨

造墨　修壞畫　收笔

便民圖纂目錄終

便民圖纂　目錄

洗笔　　修破硯　　洗硯
造印色　　調硃點書　　洼巡碑
去差寫字　　造油紙　　燒輕粉
乾蜜法　　祛寒法　　護足法
挼腳方　　抱汗香　　除頭虱
治壁虱　　辟蟻　　辟蠅
辟蚊蠅諸蟲　　治菜生蟲　　解魘魅
祛狐狸法

十三

題農務女紅之圖

宋樓璹舊製耕織圖大抵與吳俗少異其為詩又非愚夫愚婦之所易曉因更易數事系以吳歌其事既易知其言亦易入用勸於民則從厥攸好容有所感發而興起焉者人謂民性如水順而導之則可有功為吾民者顧知上意嚮而克於自效也歟

浸種

竹枝詞

三月清明浸種天
去年包裹到今年
日浸夜收常看管
只等芽長撒下田

烈女圖纂　卷六

覺壽
孔林母
寇準天妾
羊子的妻妾
今羊日寇
蘇婦痛憎
求嚴不因

蓋嘗味工絕齋唐各貞姜由衷
入眠天封后本震后舉小同下
天限逑風列女容不囷發唐興
秦之呆娟其事異言在人用齊宋
超續大非其夫異人同事齊後
宋縣蘇藩其精圖大熙與宋容心縣篥
劉慶教文其外圖

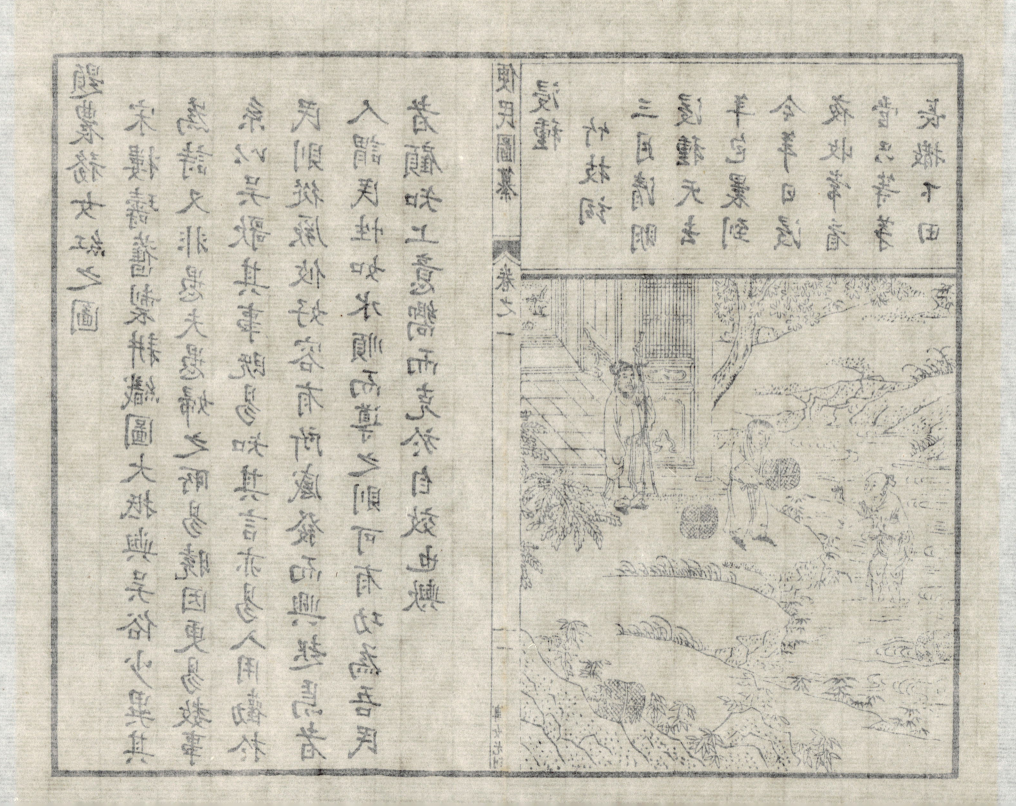

耕田

竹枝詞

翻耕須是力勤勞，纔聽雞啼便出郊。耙得了時還要耖，工程限定在明朝。

耖田

竹枝詞

耙過還須耖一番，田中泥塊要勻攤。攤得勻時秧好揷，攤弗勻時揷也難。

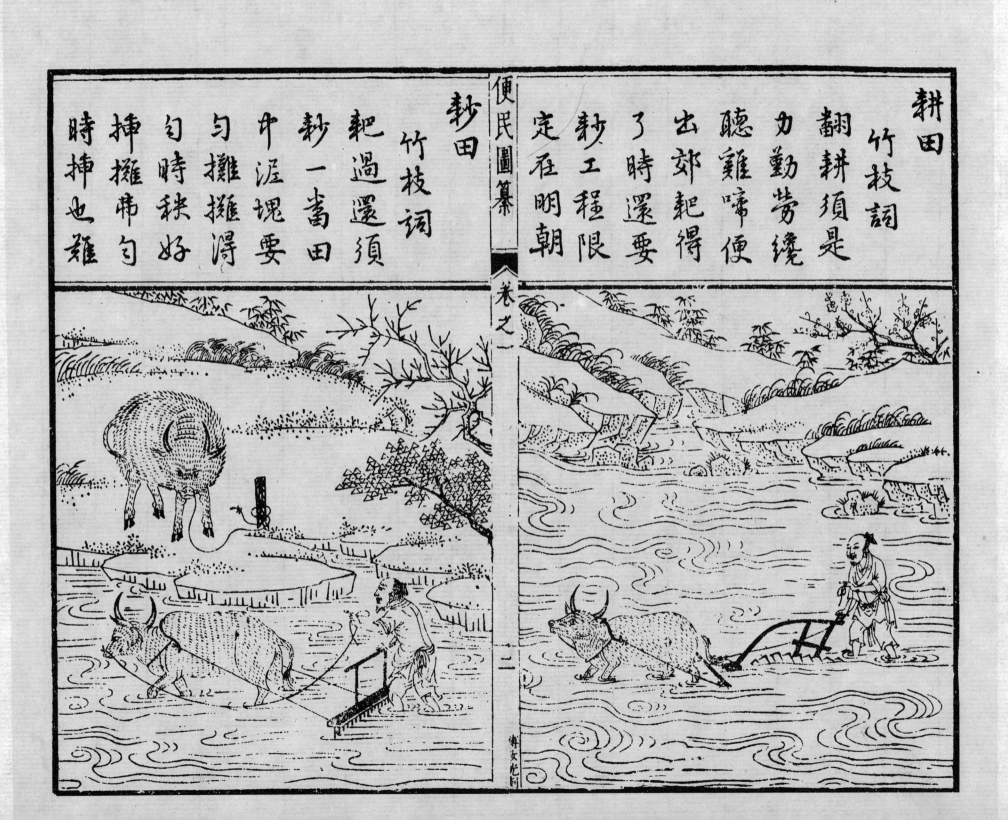

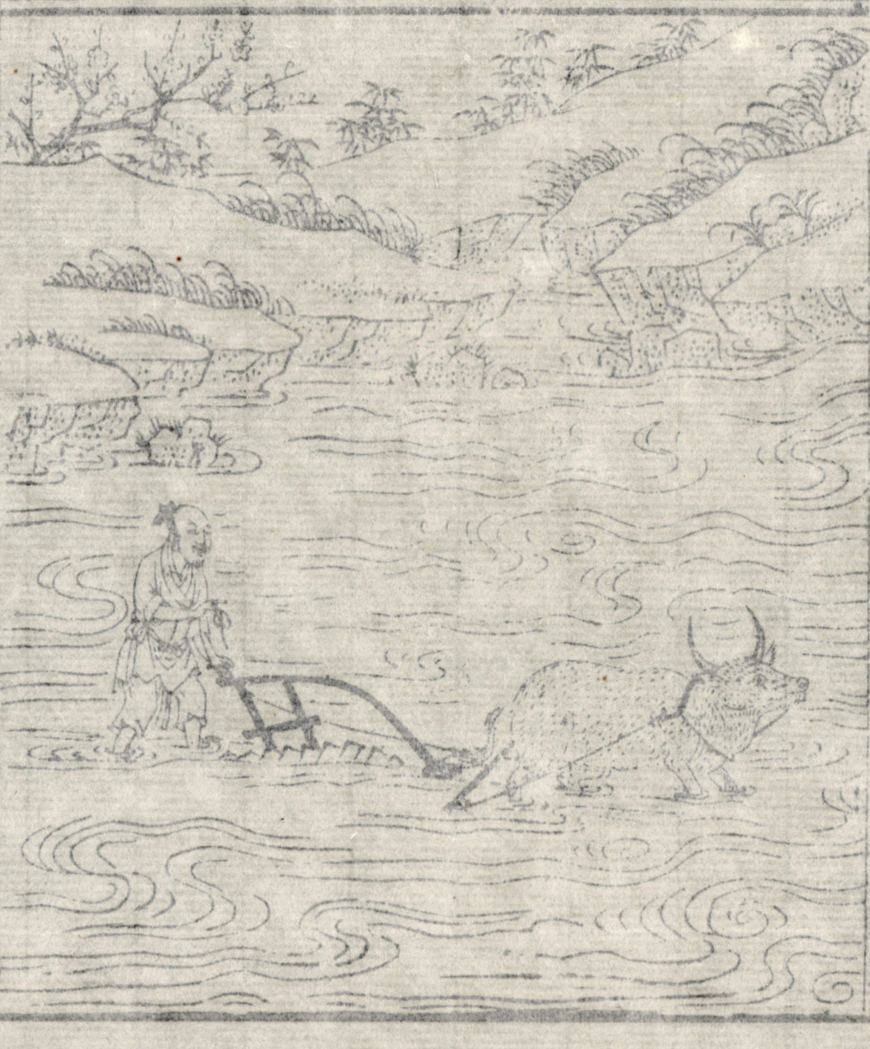

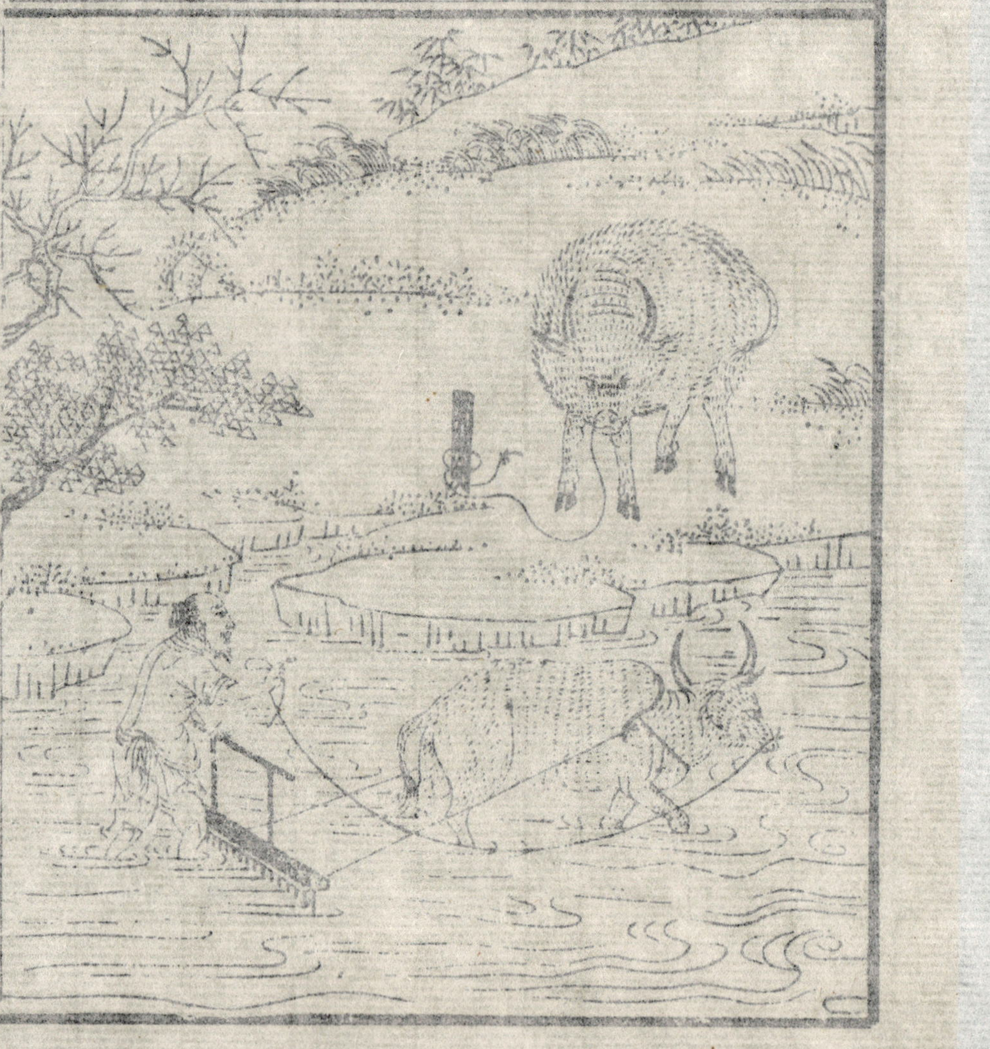

布種

竹枝詞

初發秧芽未長成撒来田裏要均平還愁鳥雀飛来喫密密將灰蓋一層

下壅

竹枝詞

稻禾全靠糞澆根豆餅河泥下得勻要利還須著本做多收還是本多人

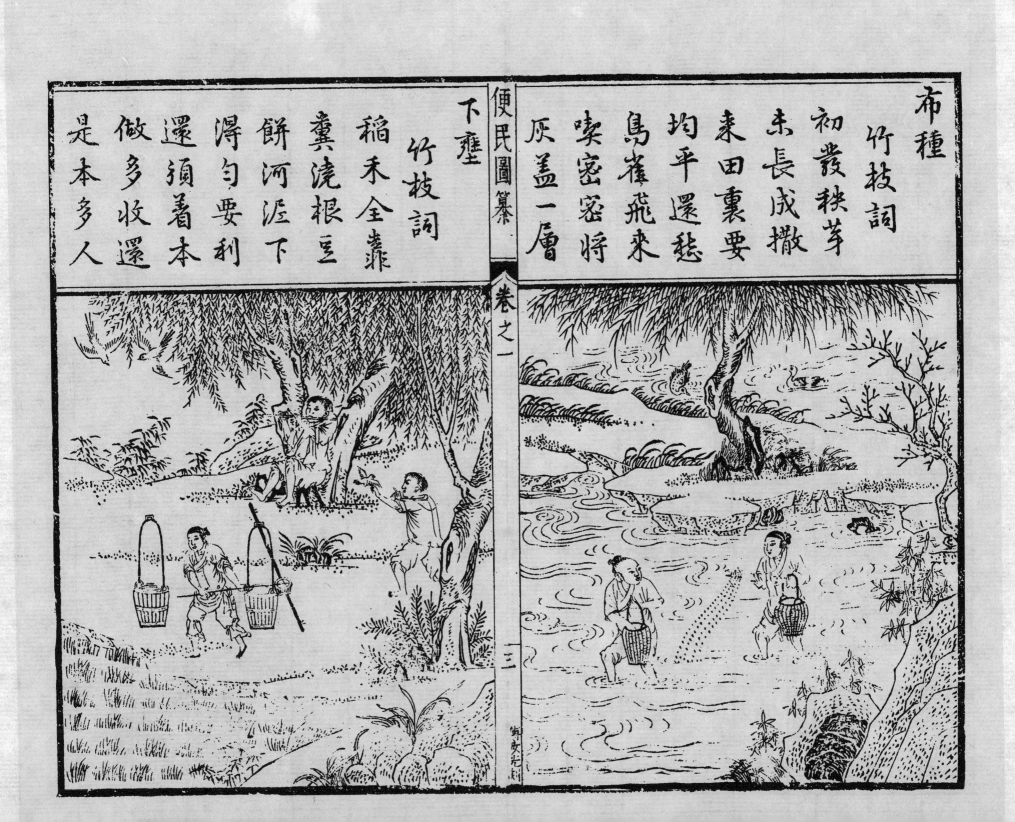

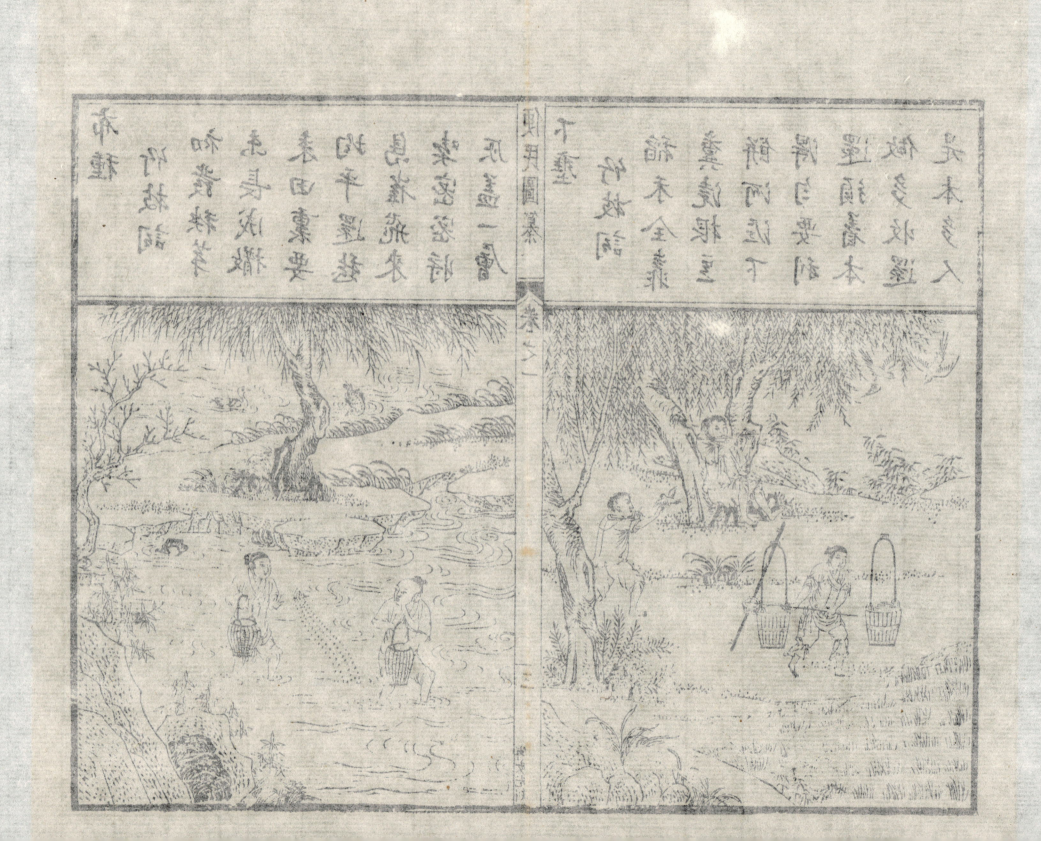

插蒔

竹枝詞

芒種纔交插蒔完何須勞動勸農官今年覺似常年早落得全家盡喜歡

陳文平刻

搗田

竹枝詞

草在田中没要留稻根須用搗扒搜搗過两遭耘又到農夫氣力最難偷

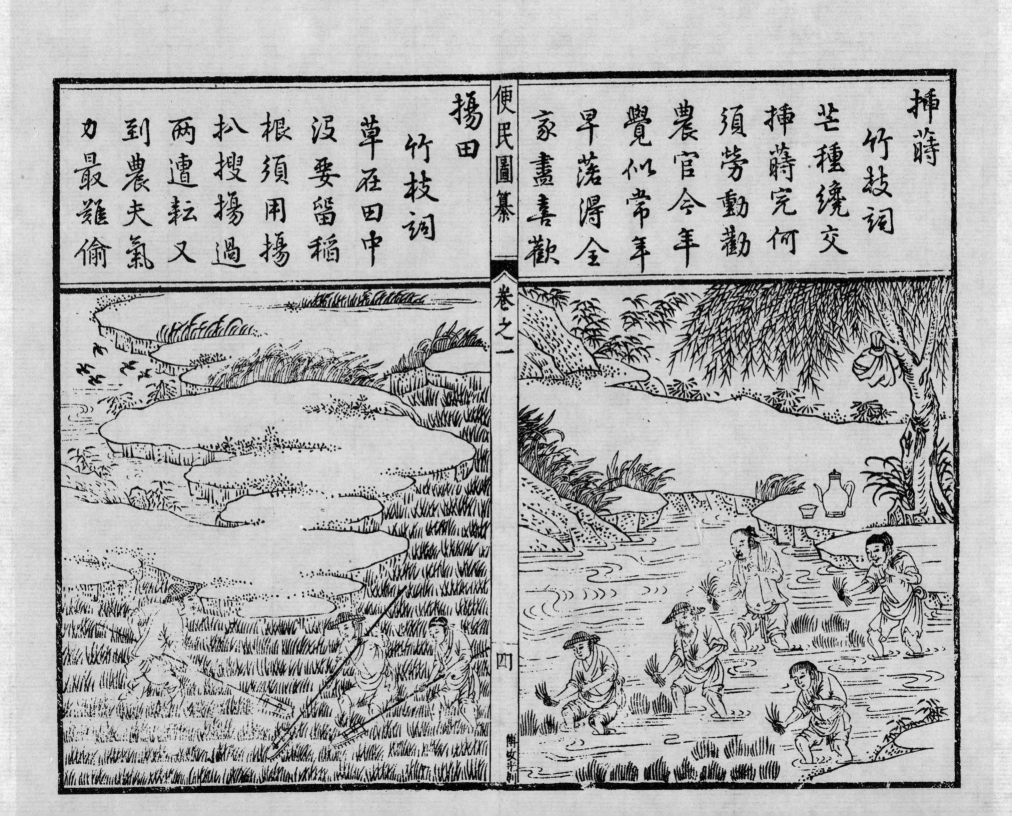

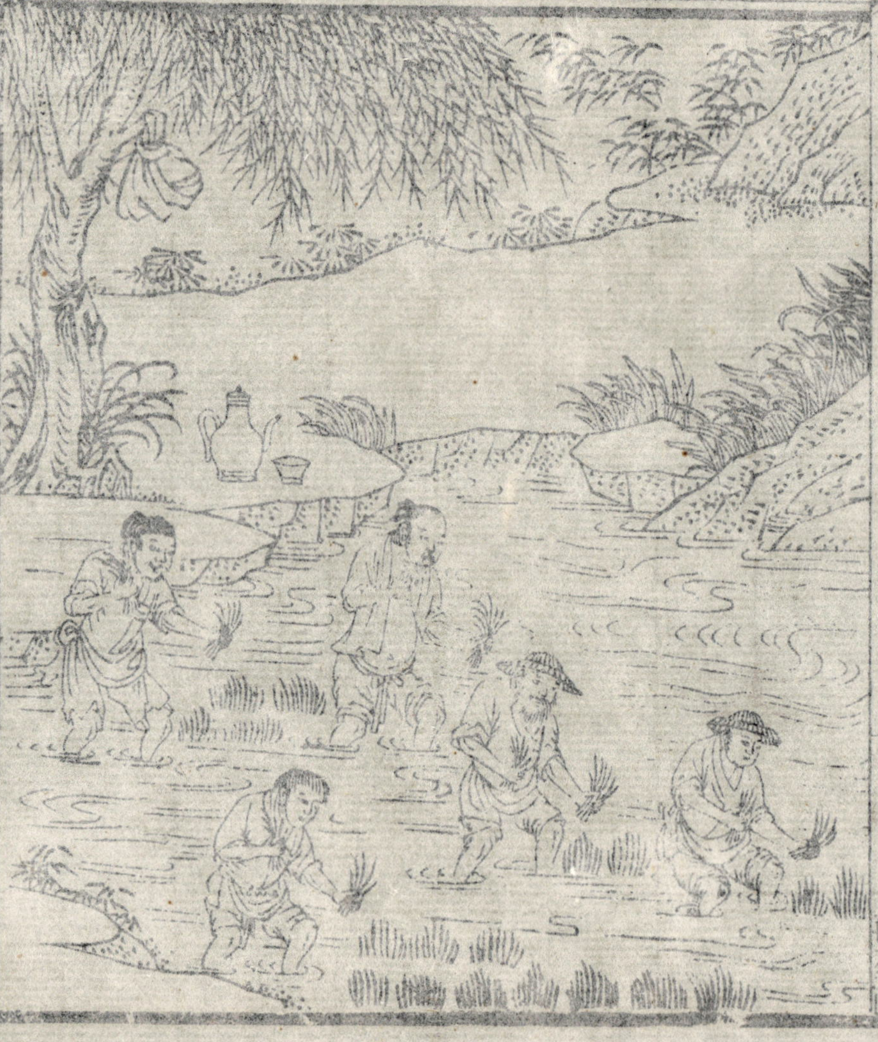

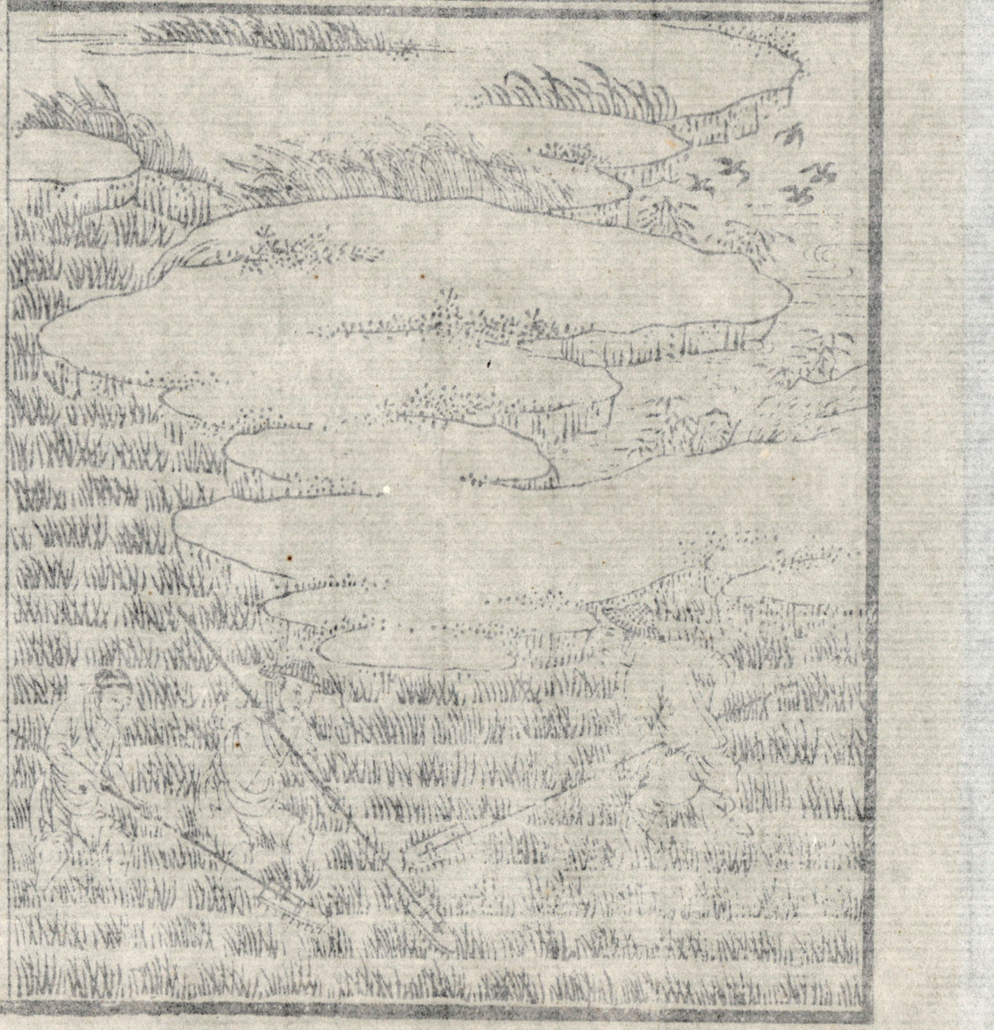

耘田

竹枝詞

揷過秧來又要耘
秧邊宿草莫留根
治田便是治民法
惡箇祛除善箇存

車戽

竹枝詞

脚痛腰酸曉夜忙
田頭車戽響浪浪
高田車進低田出
只願高低不做荒

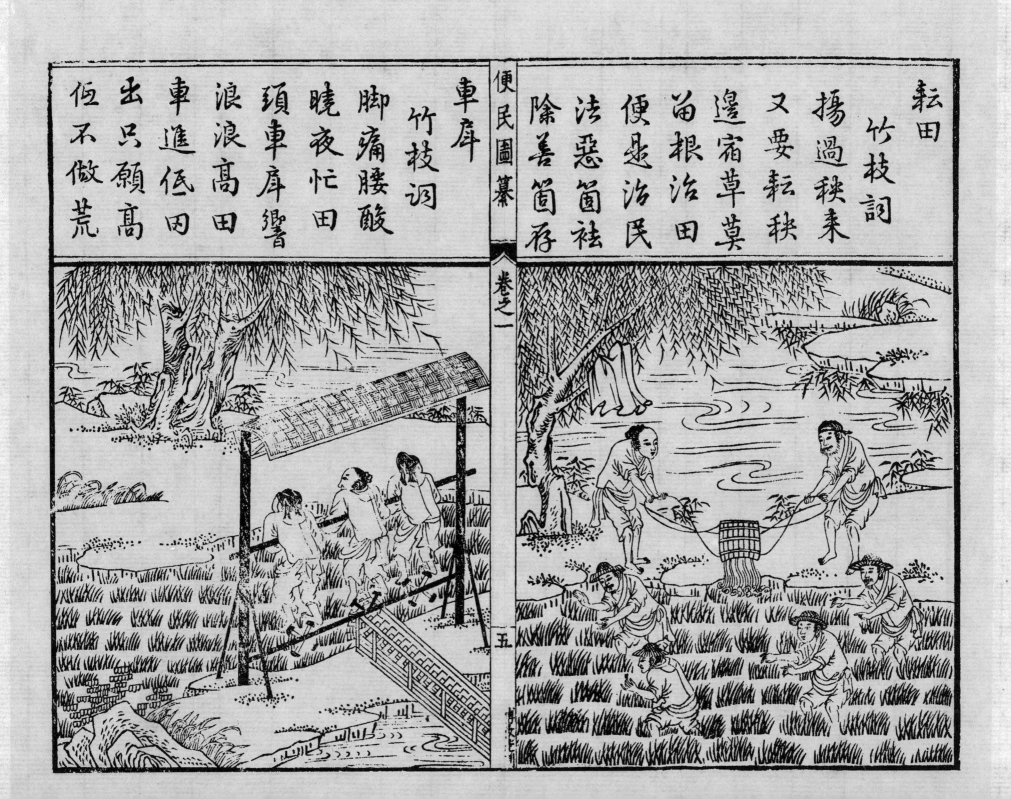

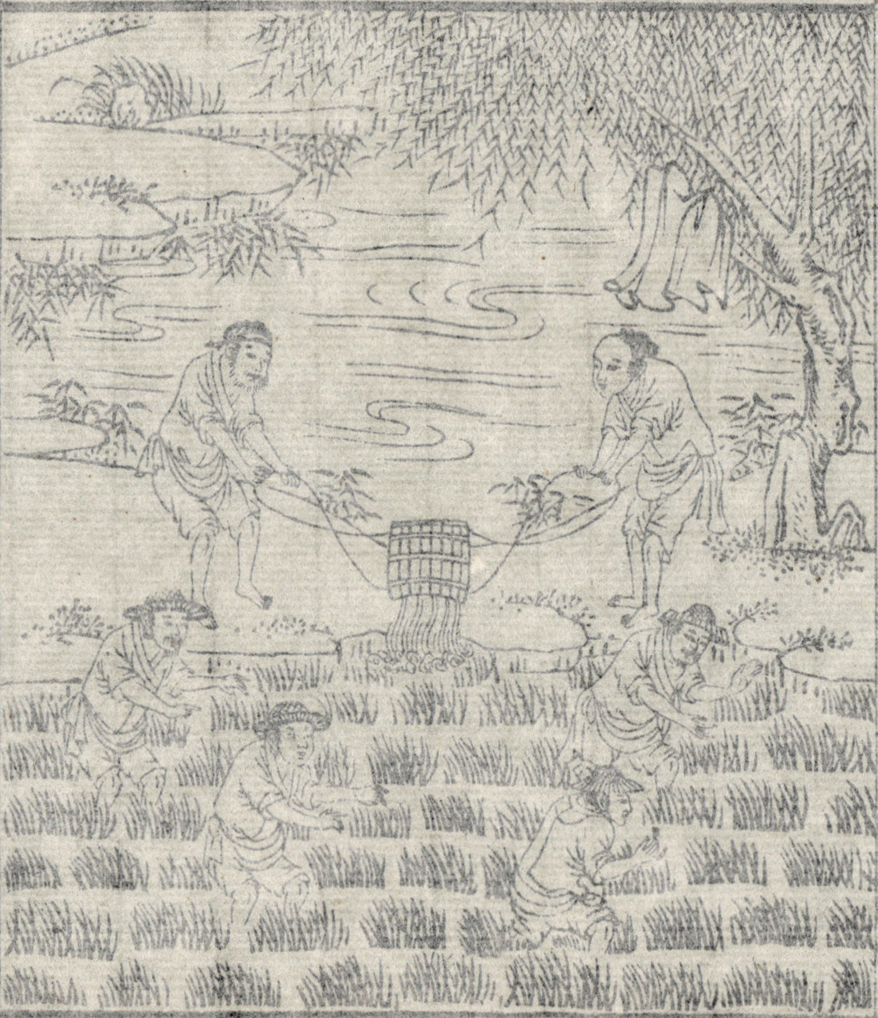

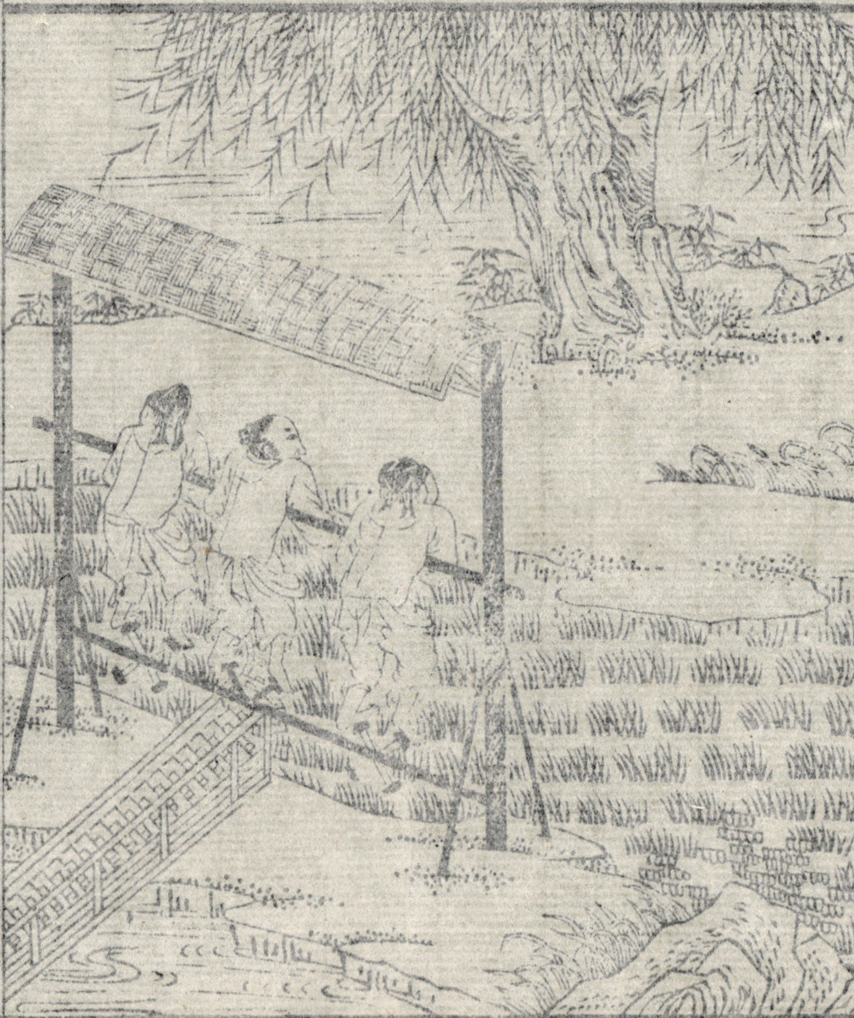

收割

竹枝詞

無雨無風斫稻天斫歸場上便心寬收成須趂晴明好柴也乾時来也乾

打稻

竹枝詞

連枷拍拍稻鋪場打落將來風裏揚芒頭秕穀齊揚去粒粒珎珠著斗量

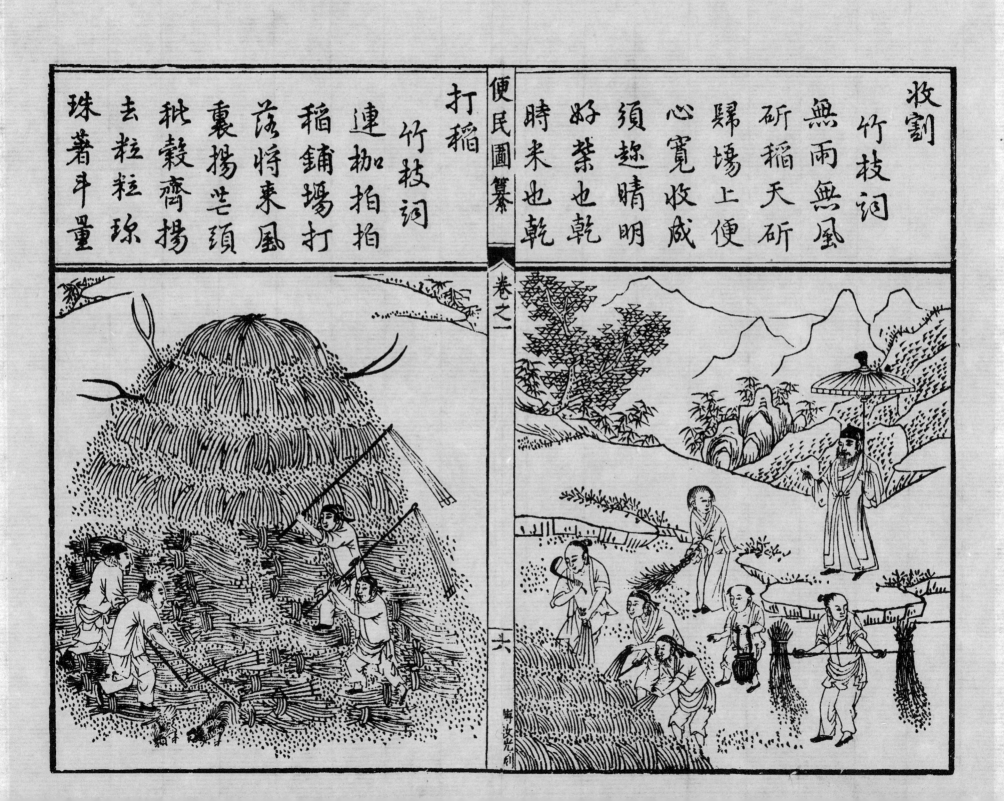

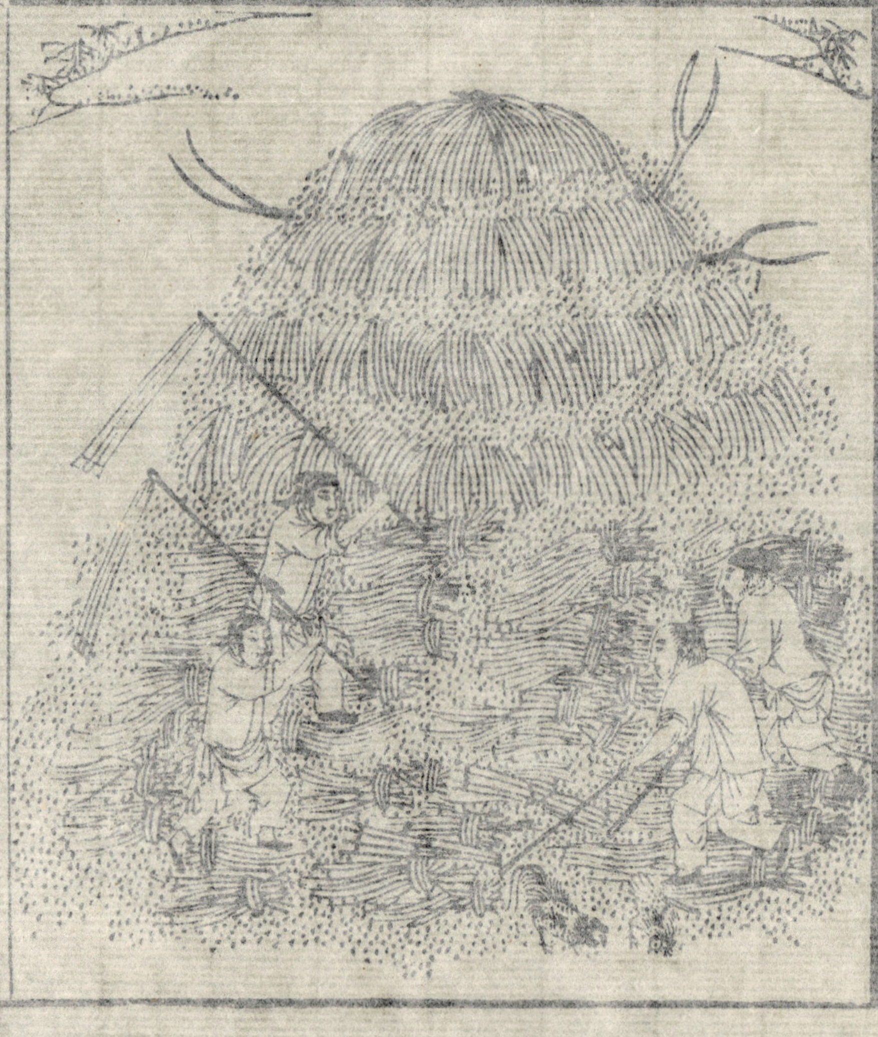

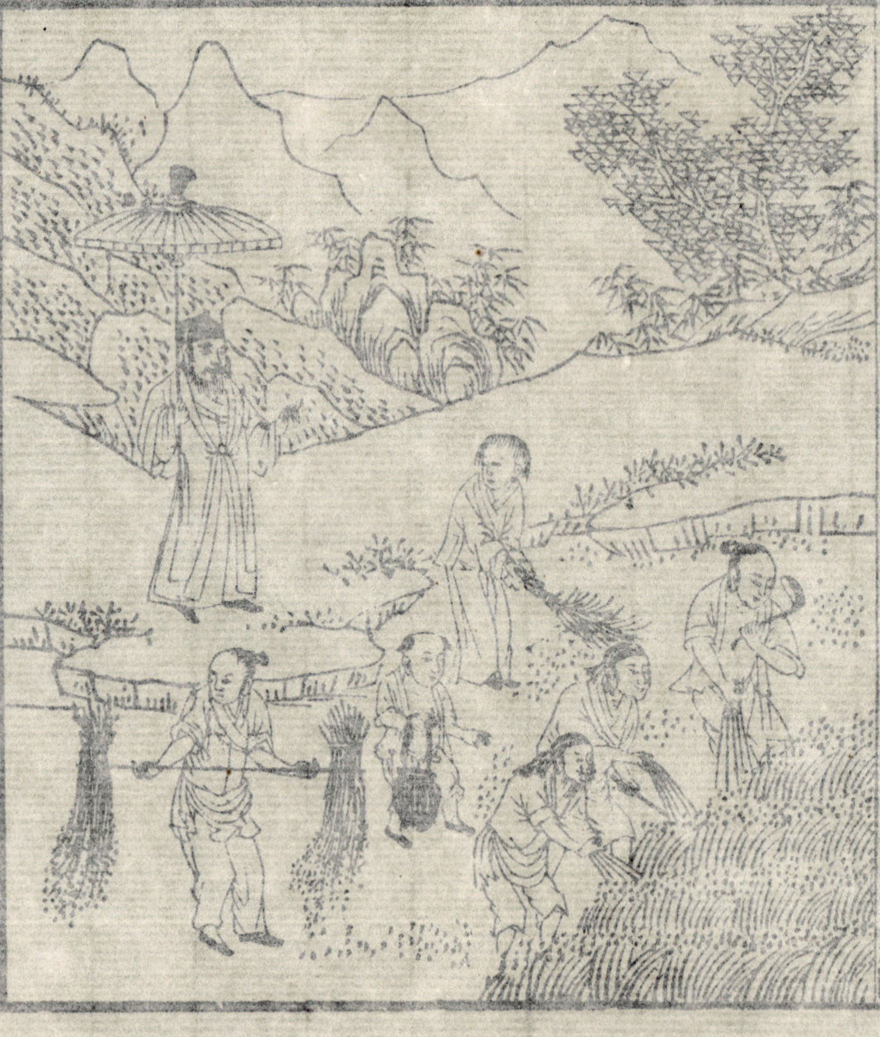

牽礱

竹枝词

大小人家
盡有收盤
工做米弗
停留山歌
唱起齊𡔷
和快活方
知在後頭

李楥

舂碓

竹枝词

大熟之年
處處同田
家米臼弗
停舂行到
前村并後
巷只聞篩
簸閙叢叢

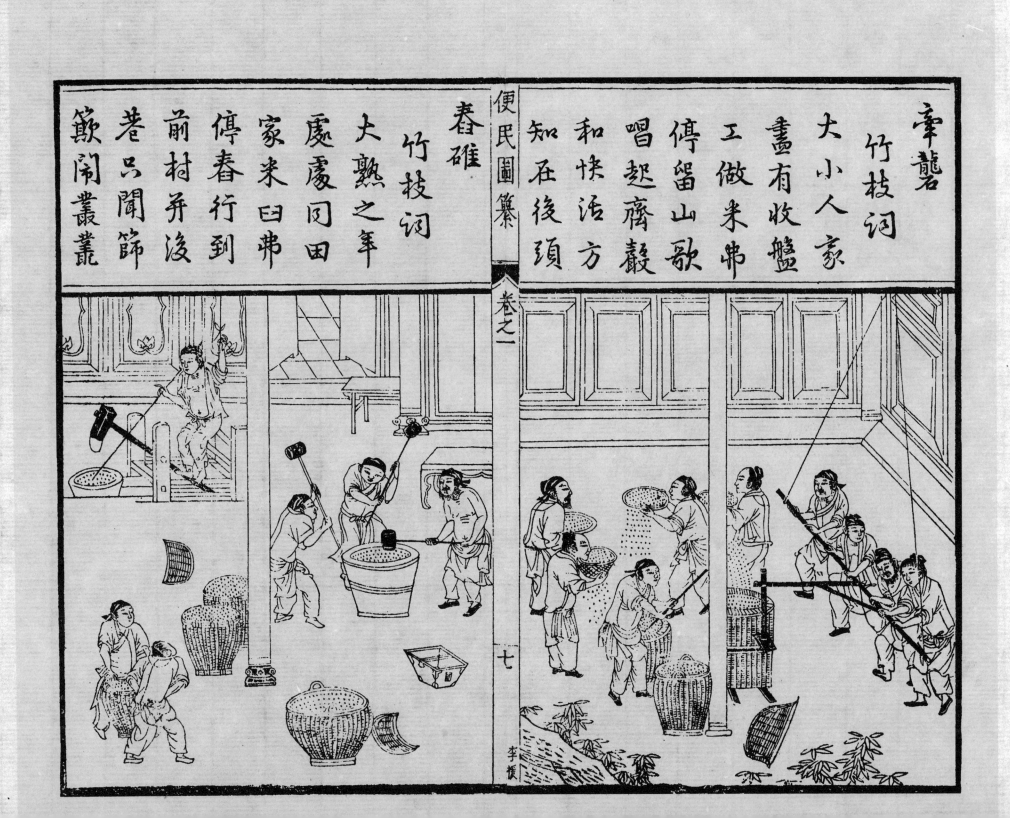

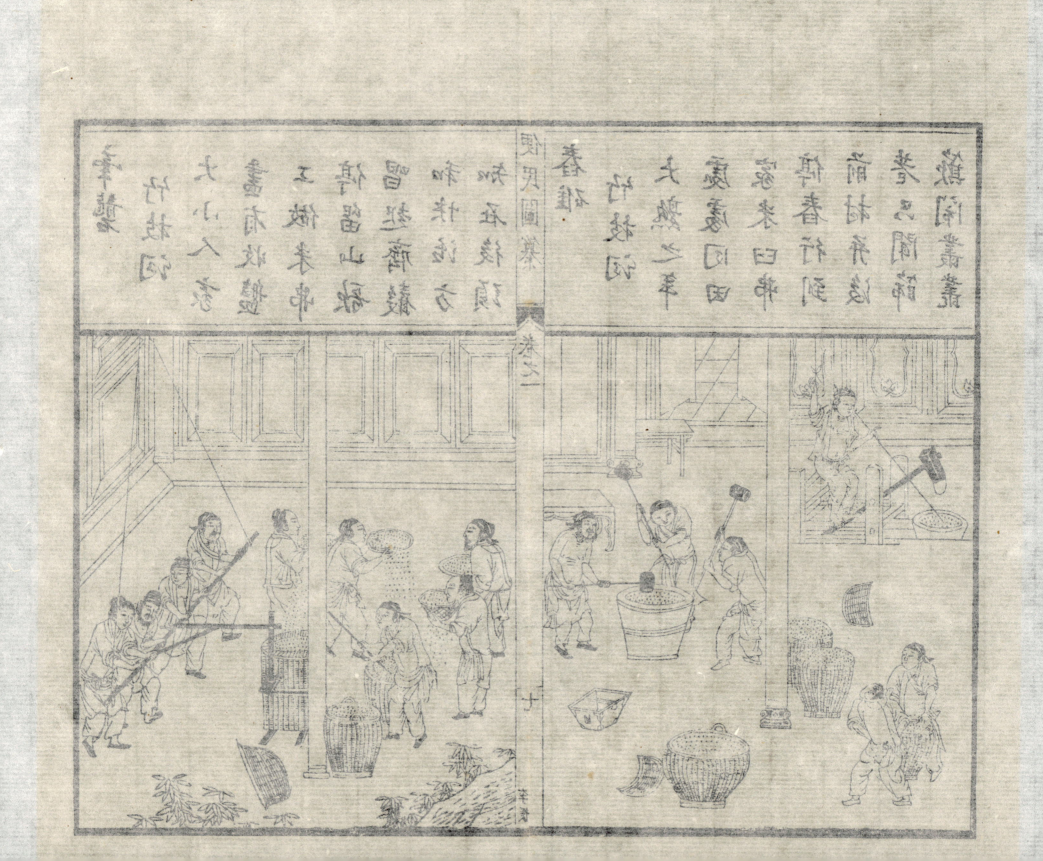

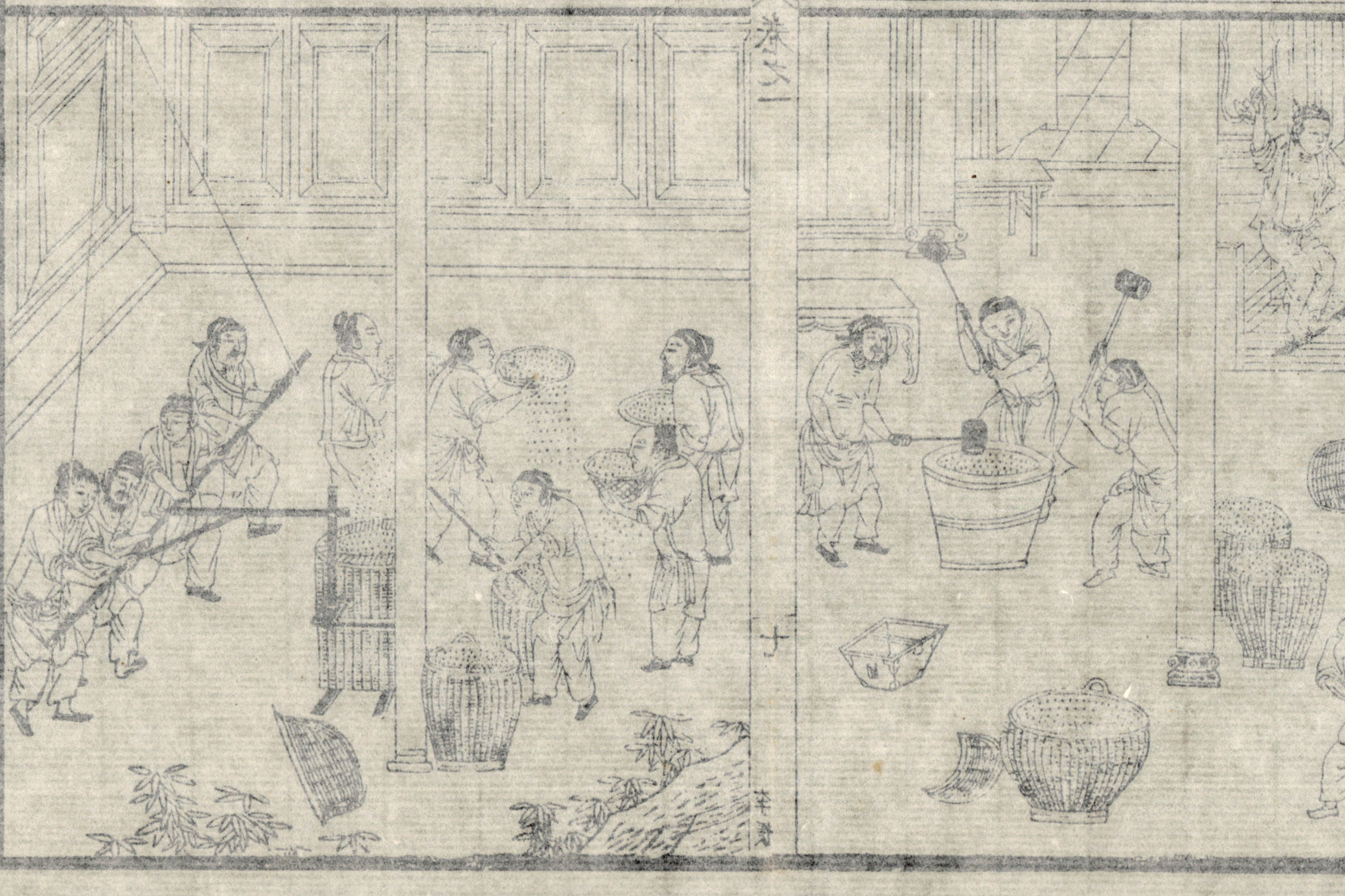

上倉

竹枝詞

秋成先要納官糧，好米将来送上倉。銷過青由方是了，别無私債掛心腸。

田家樂

竹枝詞

今歲收成分外多，更無官府沒差科。大家喫得醺醺醉，老瓦盆邉拍手歌。

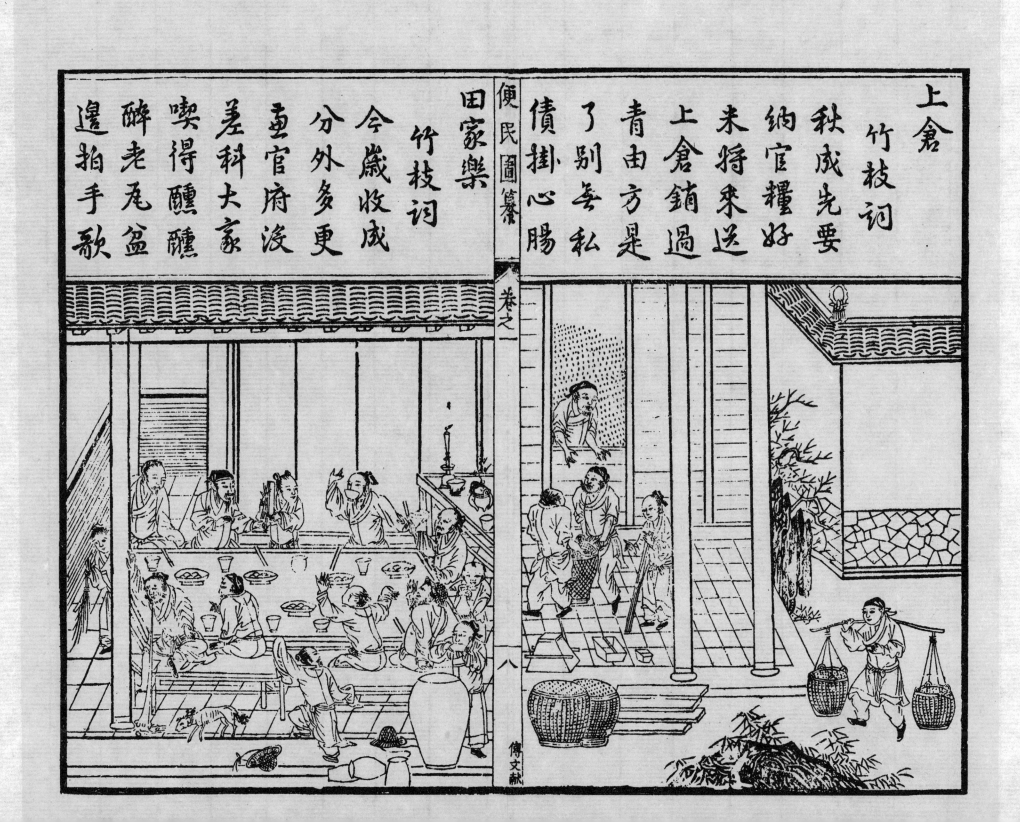

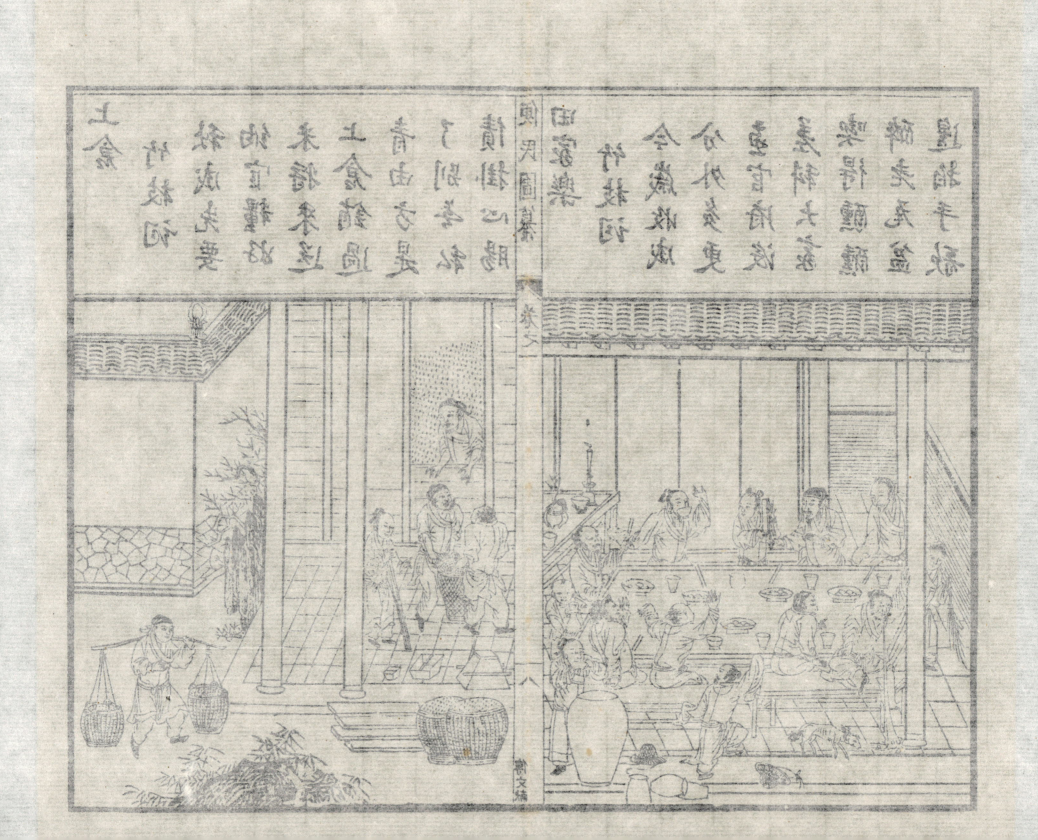

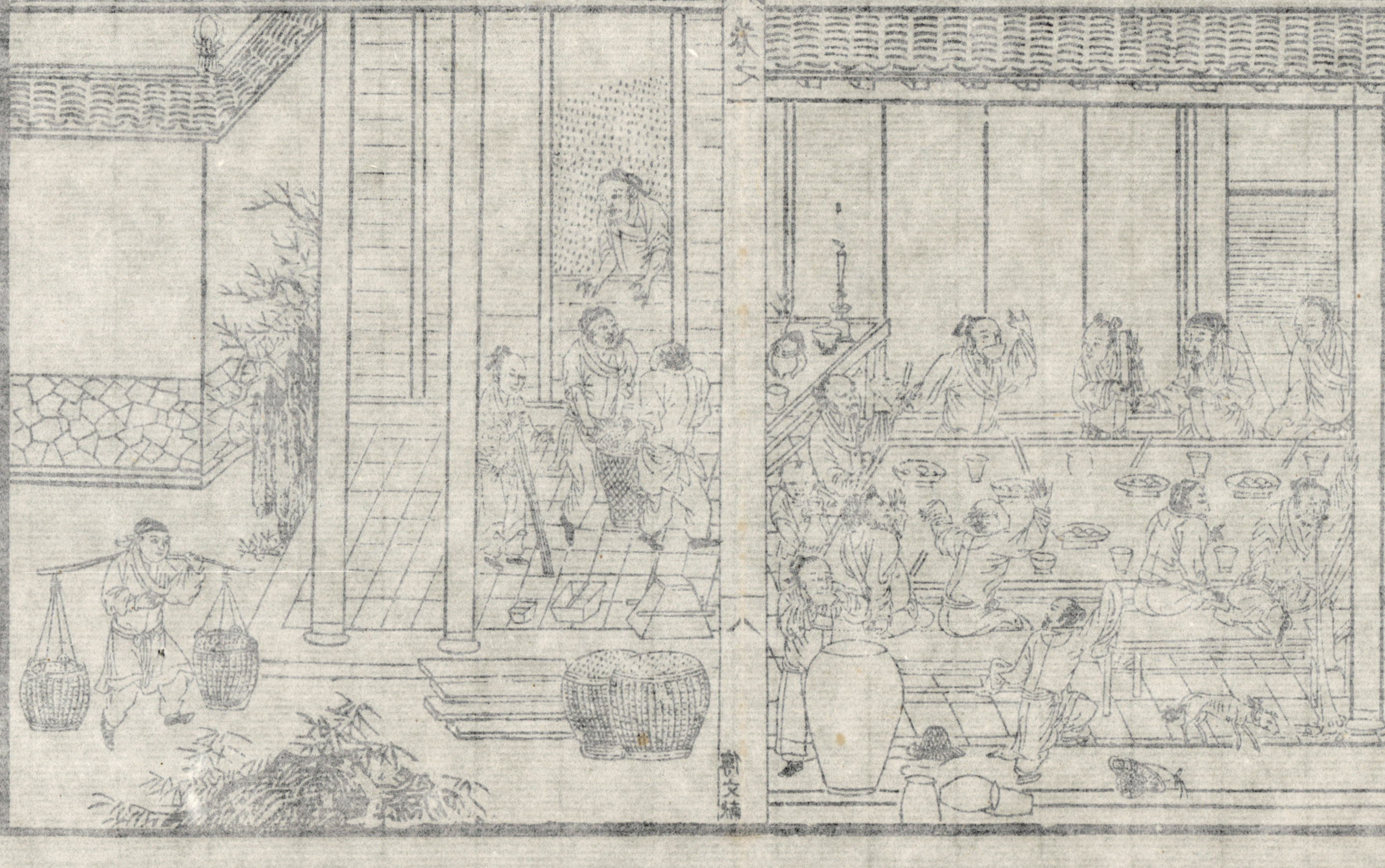

下蚕

竹枝詞

浴罷清明桃柳湯蚕烏落紙細芒芒阿婆把秤秤多少㲉數今年養幾筐

餵蚕

竹枝詞

蚕頭初白葉初青餵要勻調採要勤到得上山成繭子弗知幾遍喫辛艱

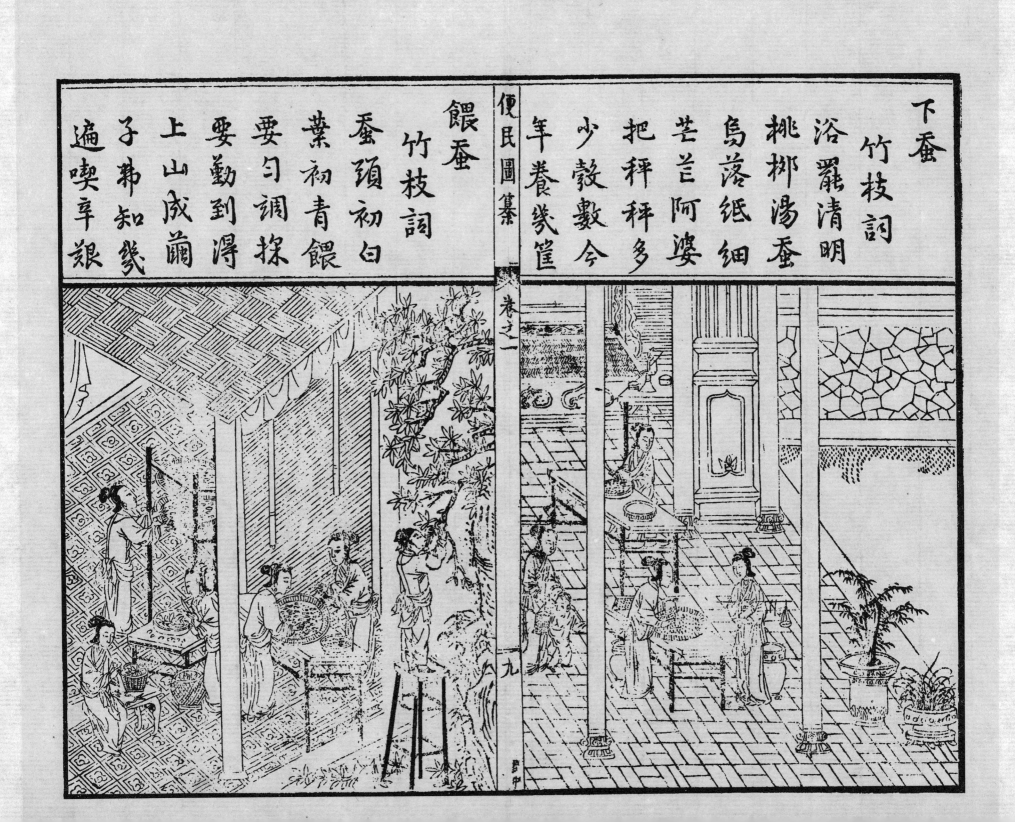

蚕眠

竹枝詞

一遭眠了两遭眠
蚕過三眠遭数全
食力旺時頻上葉
却除隔宿换新鲜

採桑

竹枝詞

男子園中去採桑
只因女子餵蚕忙
蚕要餵時桑要採
事頭分曾两相當

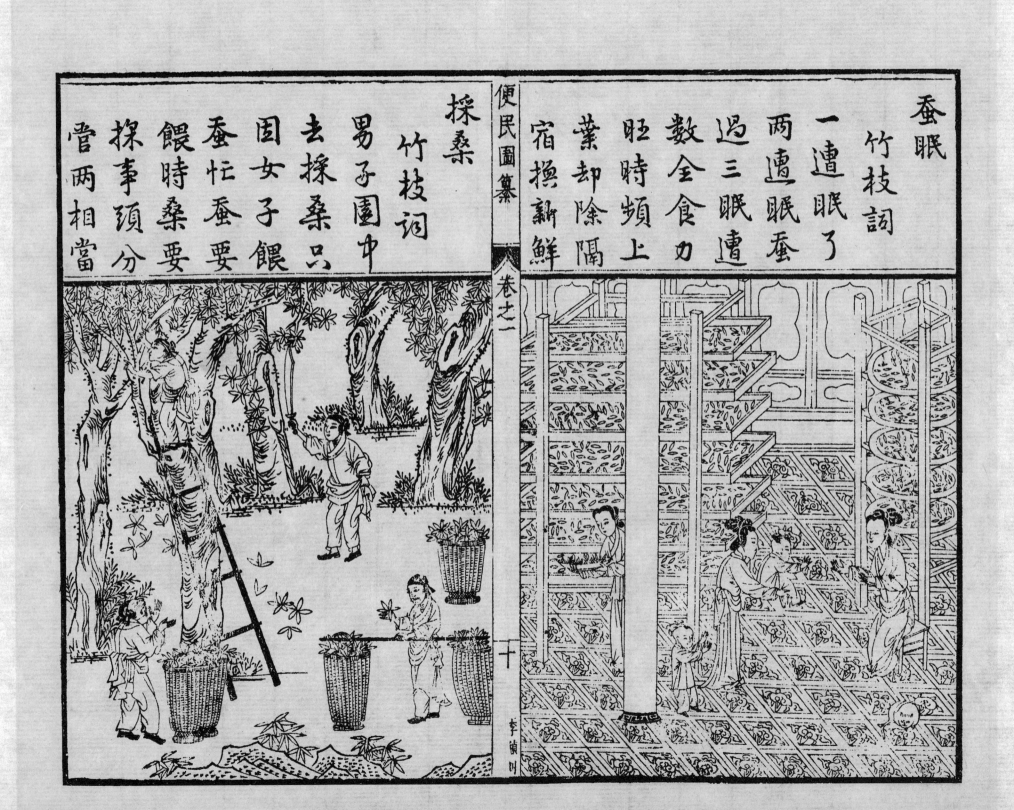

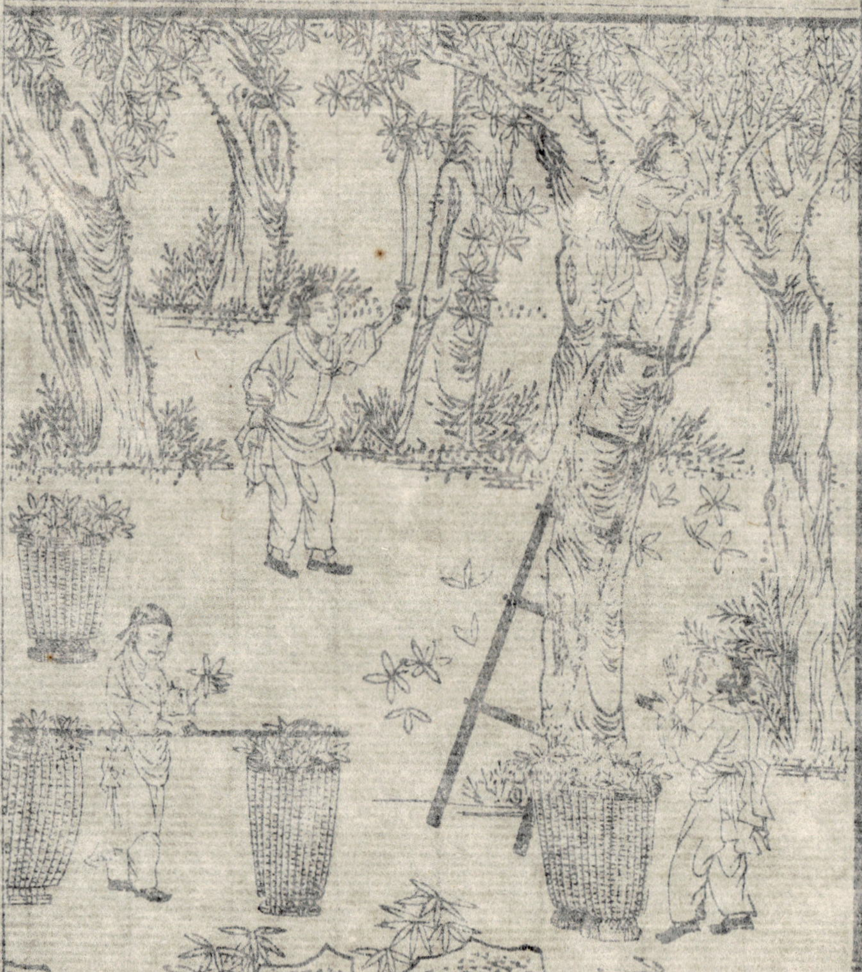

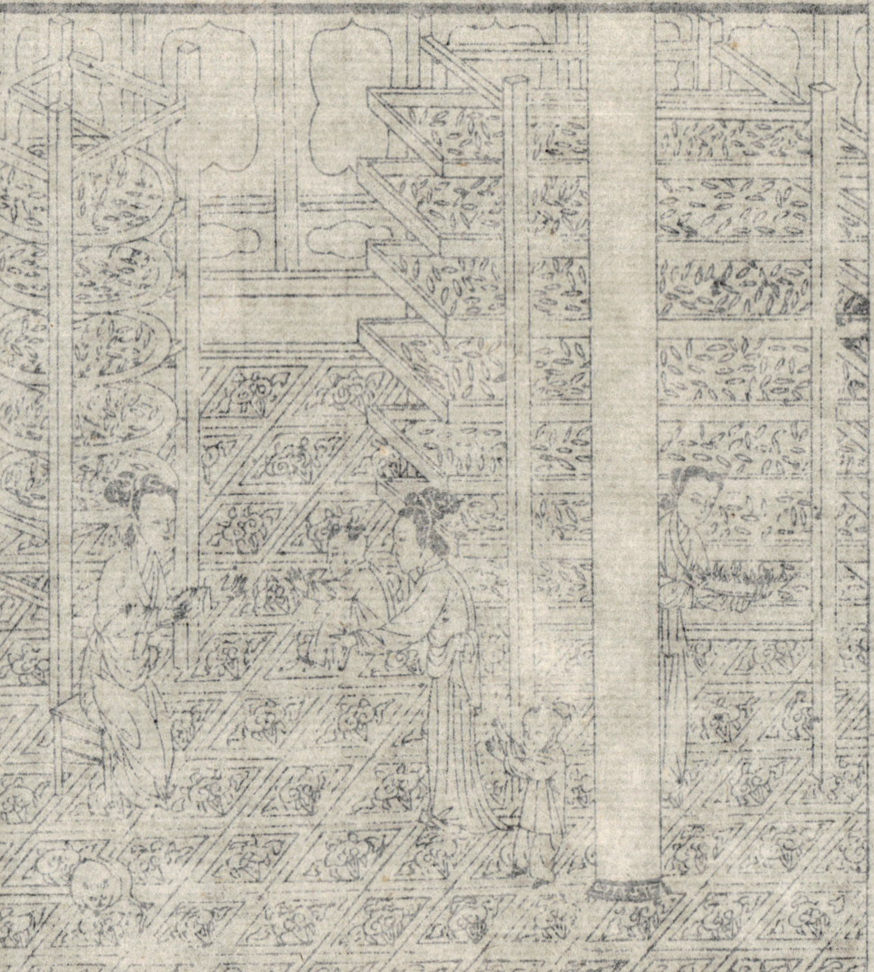

大起

竹枝词

守過三眠大起時
再挨七日費心機
老蚕正要連遭餵
半刻光陰難受餓

上簇

竹枝词

蚕上山時透體明
吐絲做繭自經營
做得繭多齊唱采
一春勞績一朝成

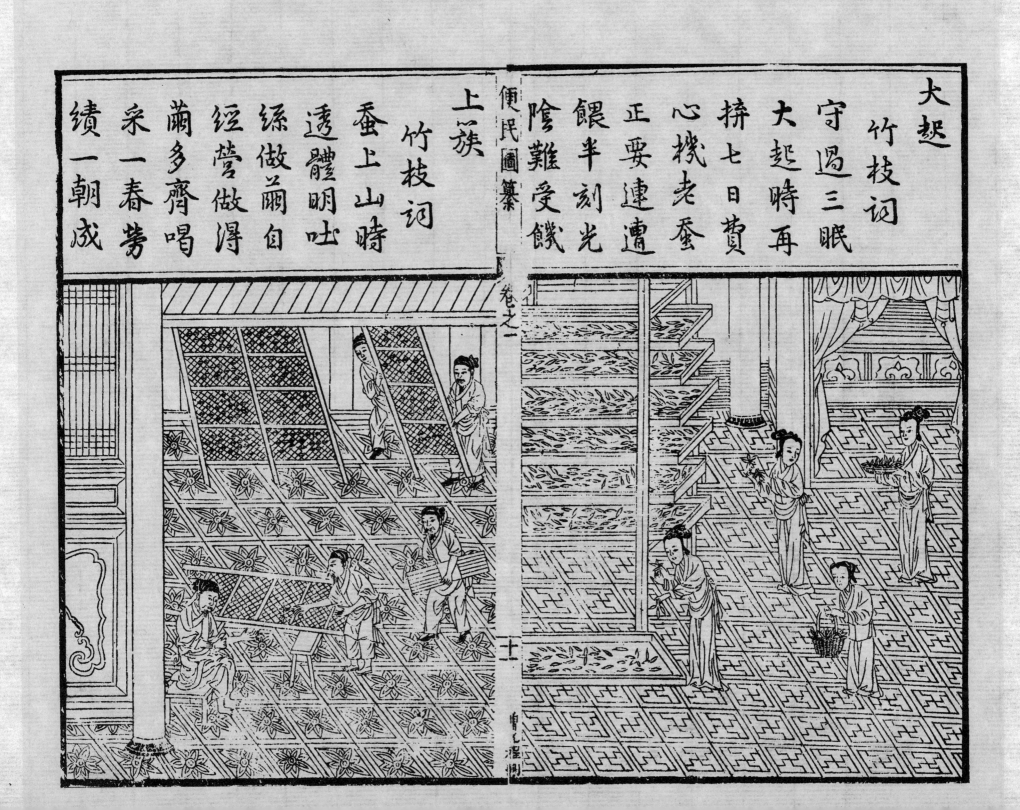

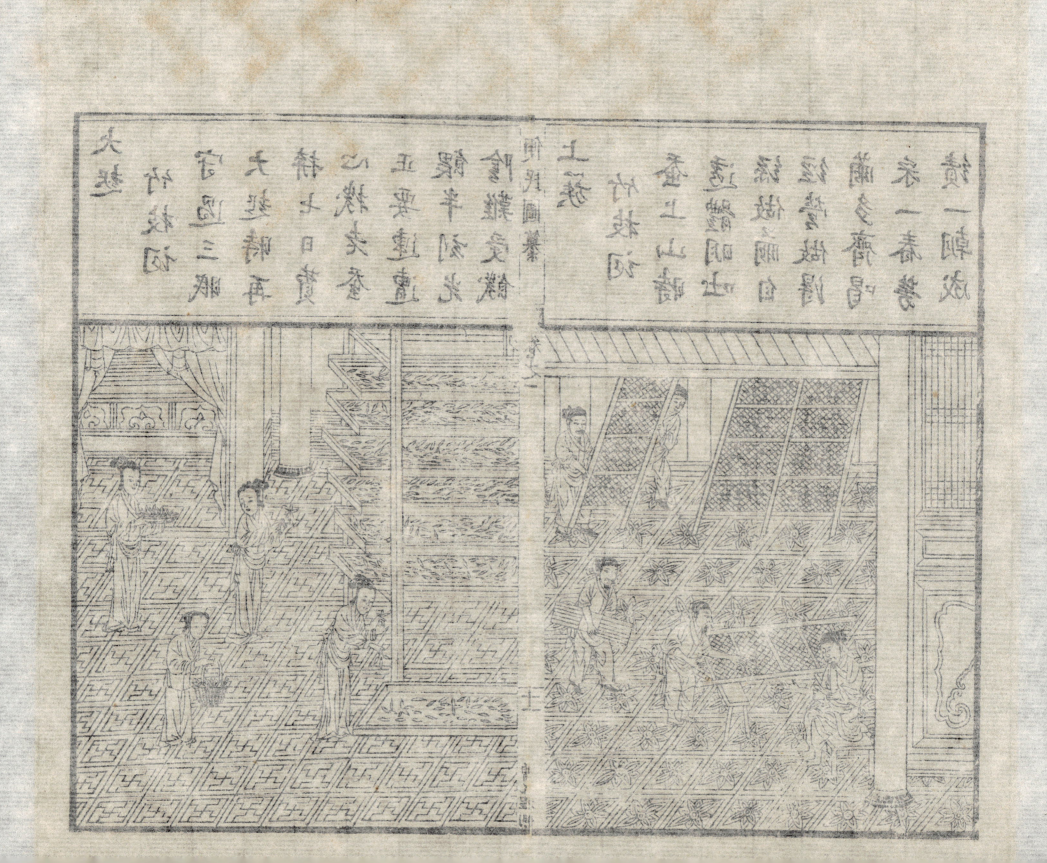

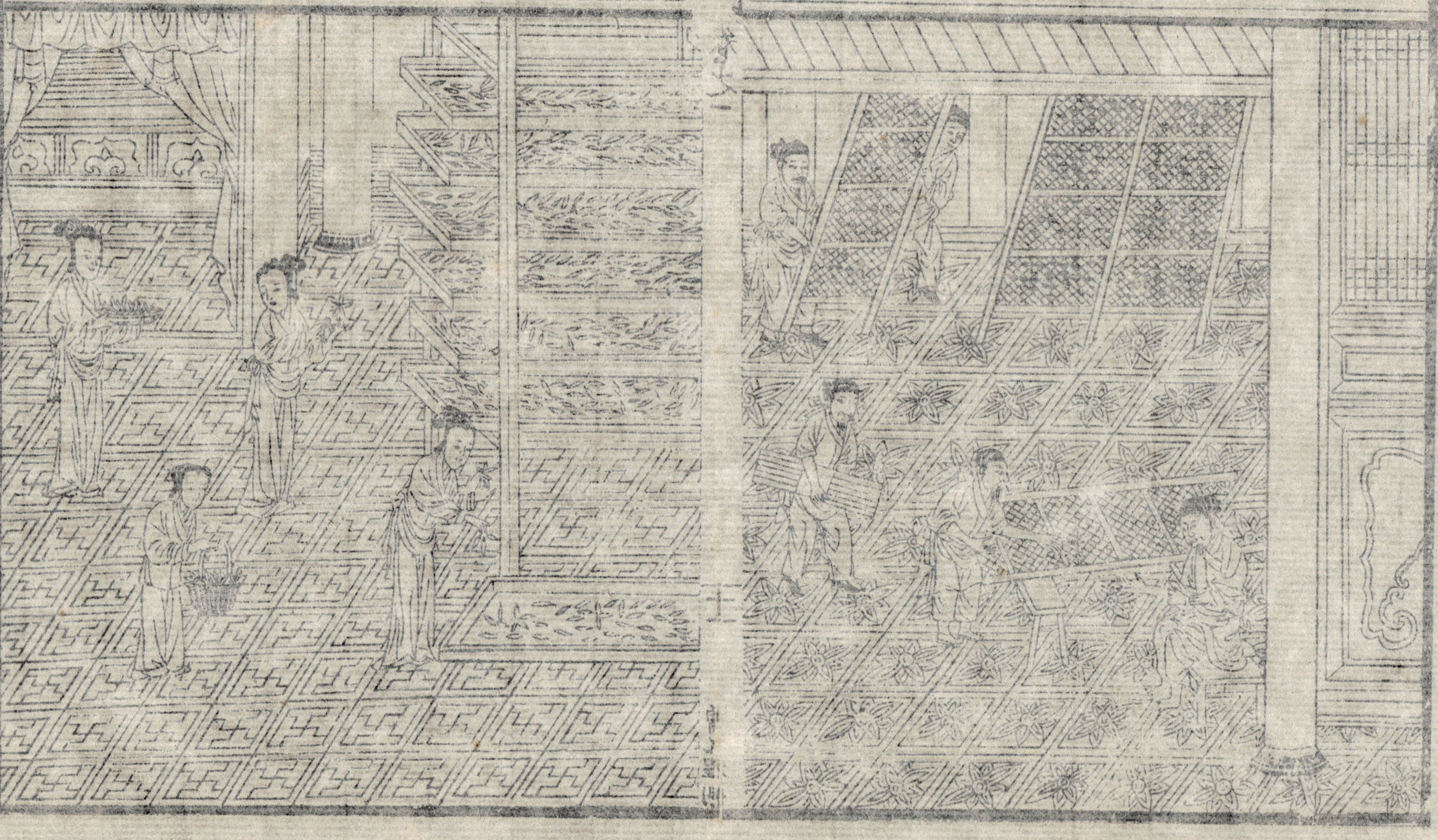

炙箔

竹枝詞

蚕性從来最怕寒
筐筐煨靠火盆邊
一心只要蚕和暖
囊裡何曾惜炭錢

窖繭

竹枝词

繭子今年収得多
阿婆見了喜呵呵
入来甕裏泥封好
只怕風吹便出蛾

曾啟光刊

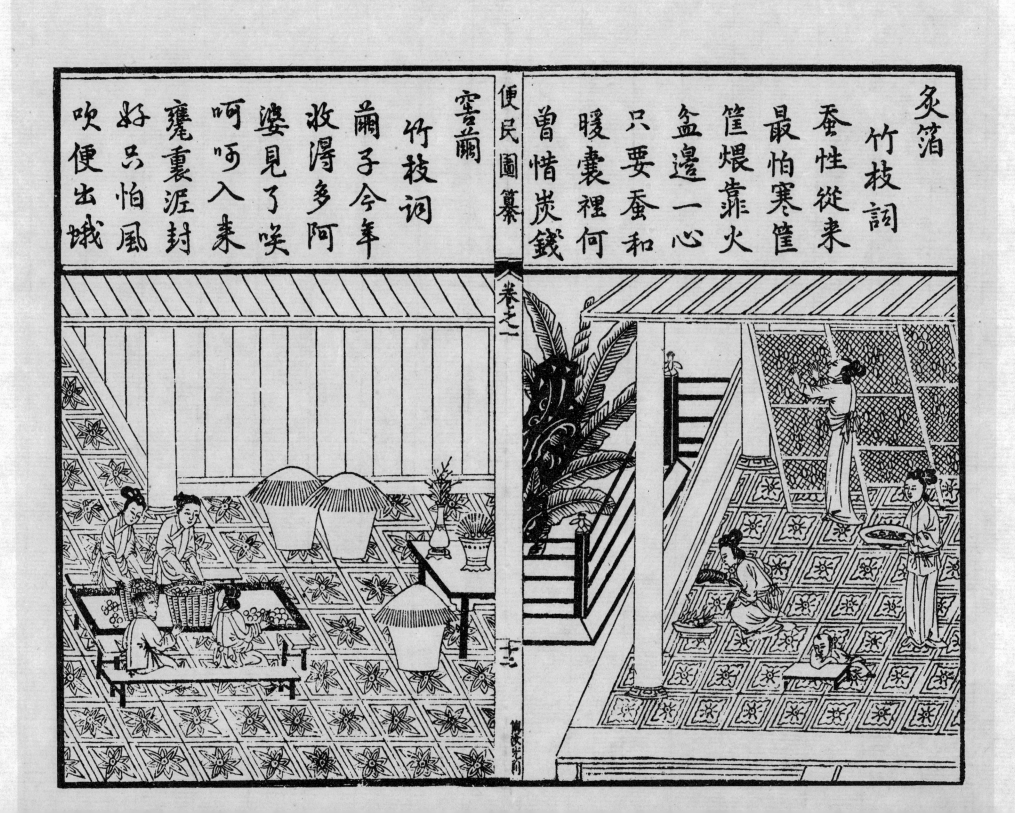

繅絲

竹枝詞

煑繭繅絲手弗停，要分粗細用心情。上路細絲増價買，粗絲賣得價錢輕。

蚕蛾

竹枝詞

一蛾雌對一蛾雄，也是陰陽氣候同。生下子來留做種，明年出產在其中。

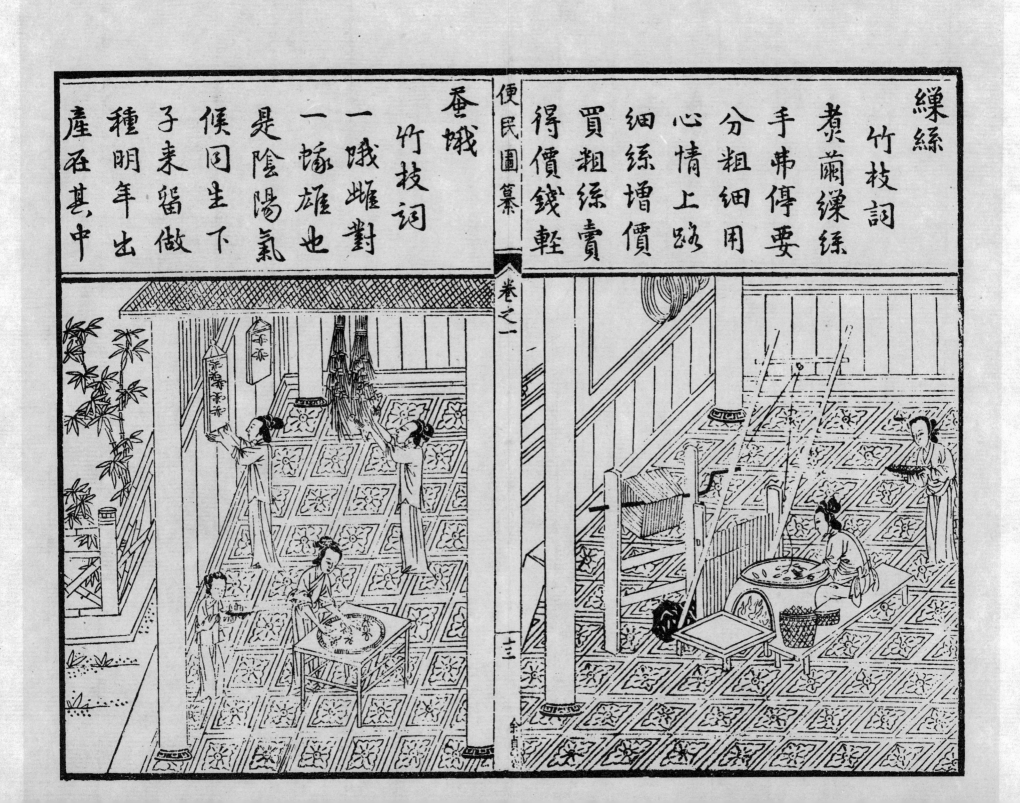

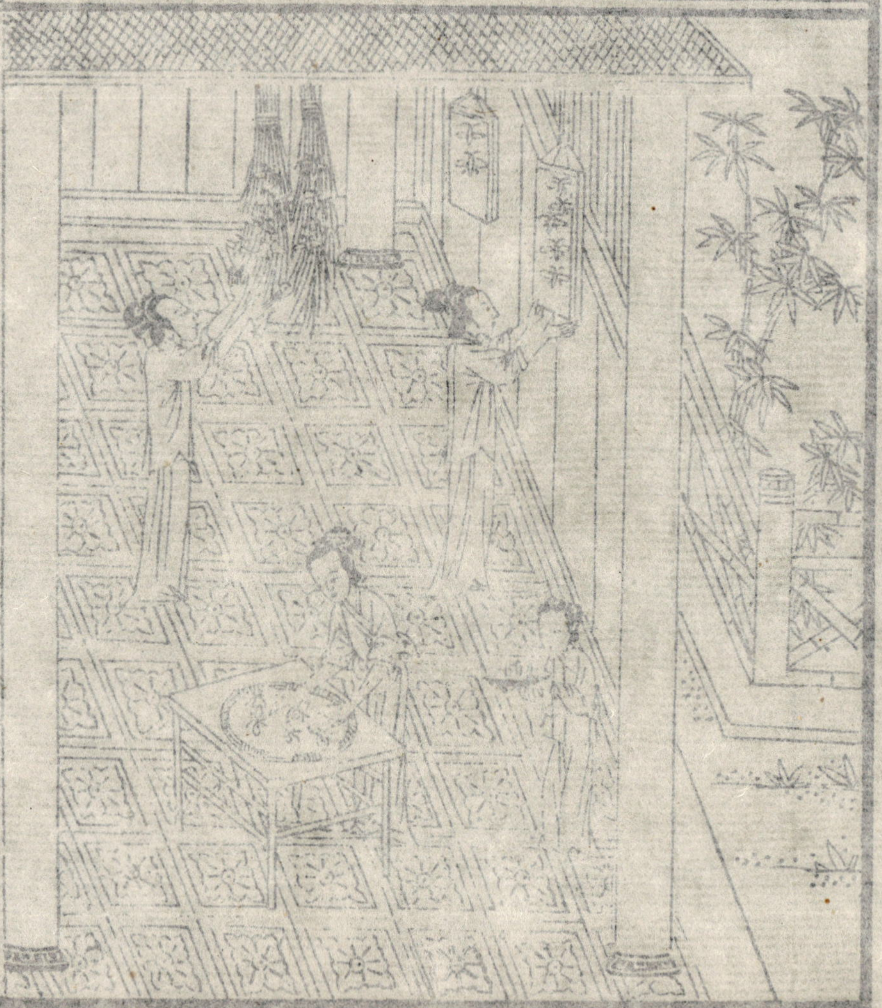

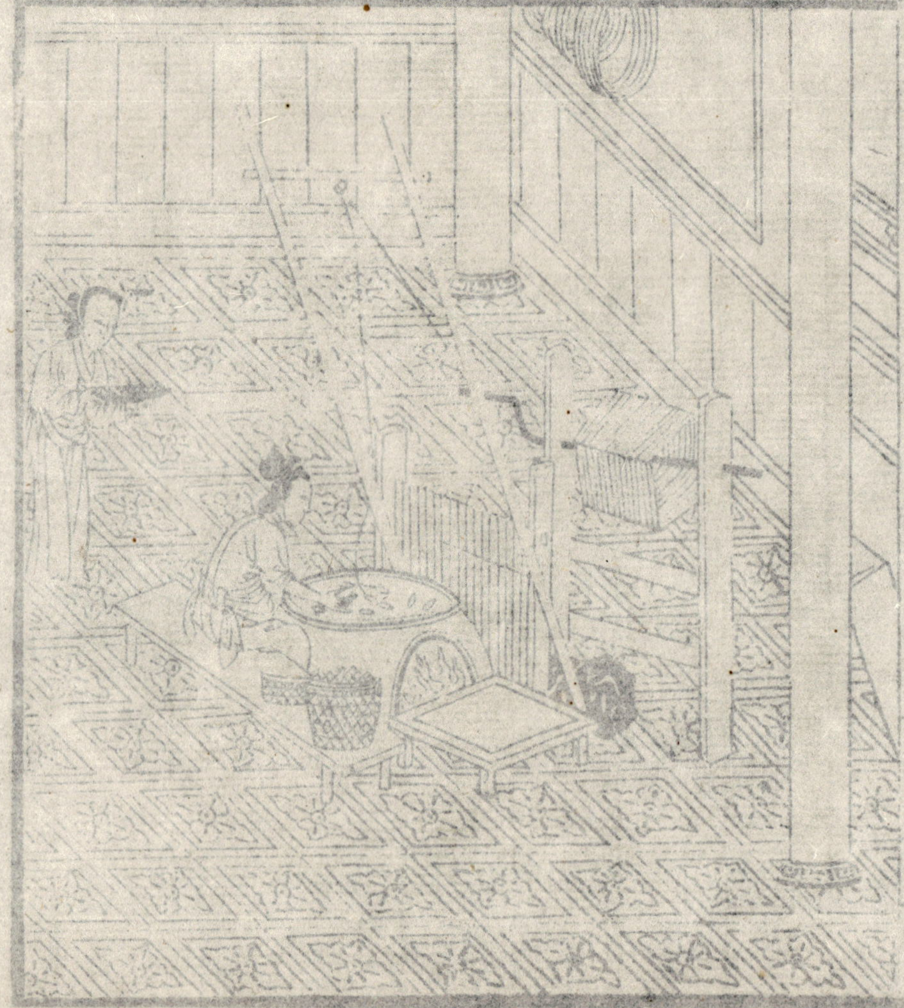

祀謝

竹枝詞

新絲繰得謝蚕神
福物堆盤酒滿斟
老小一家齊下拜
紙錢便把火來焚

絡絲

竹枝詞

絡絲全在手輕便
只費工夫弗費錢
粗細高低齊有用
斷頭須要接連牵

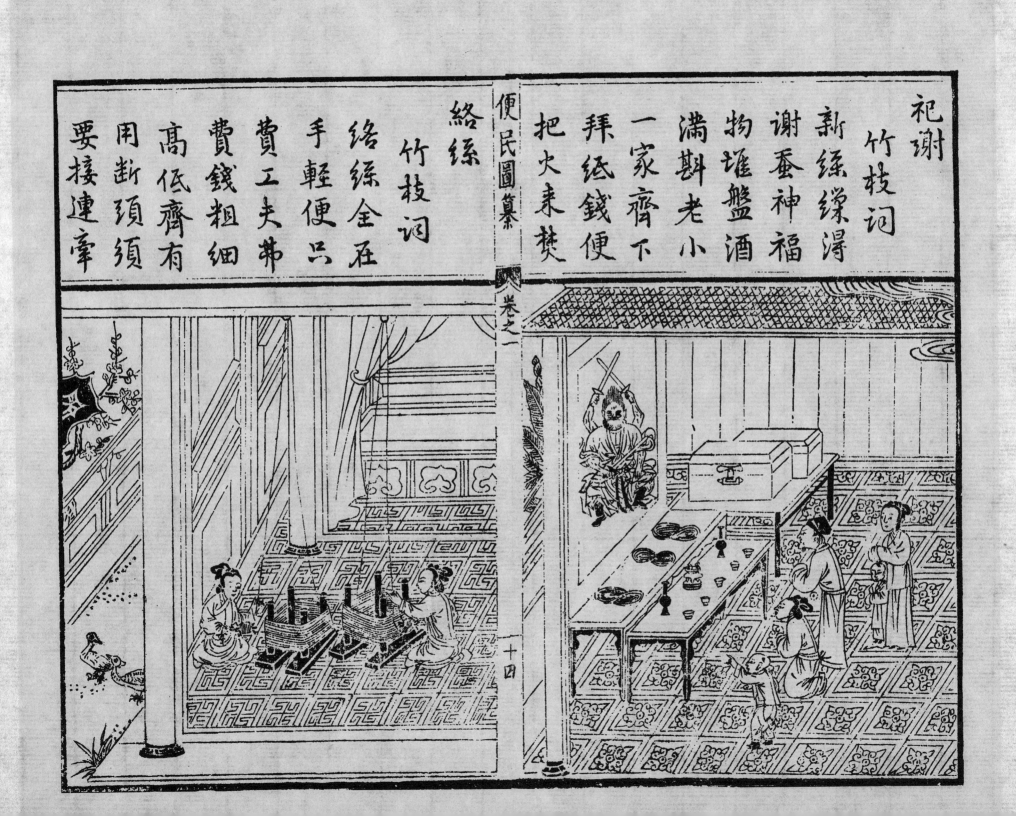

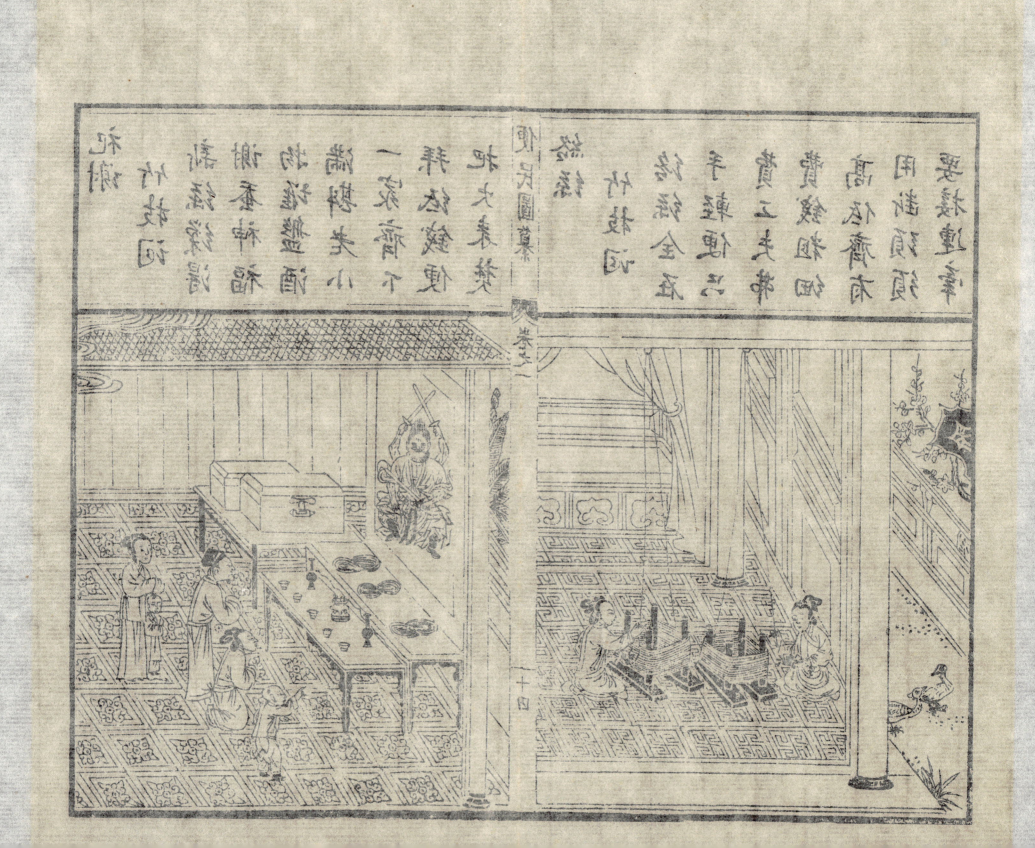

經緯

竹枝词

經頭成捆緯成堆
織作翻嬎無了時
只為太平年世好
弗曾二月賣新絲

織機

竹枝詞

穿篾纔完便上機
手攛梭子快如飛
早晨織到黃昏後
多少辛勤自得知

曜詩刻

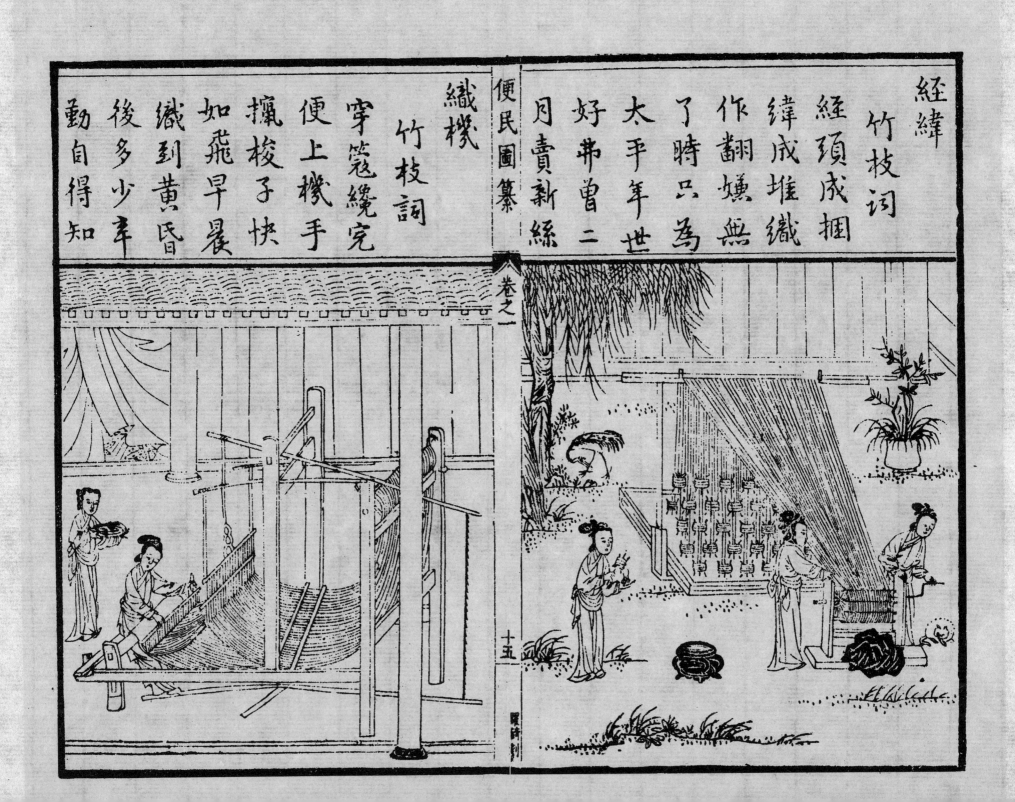

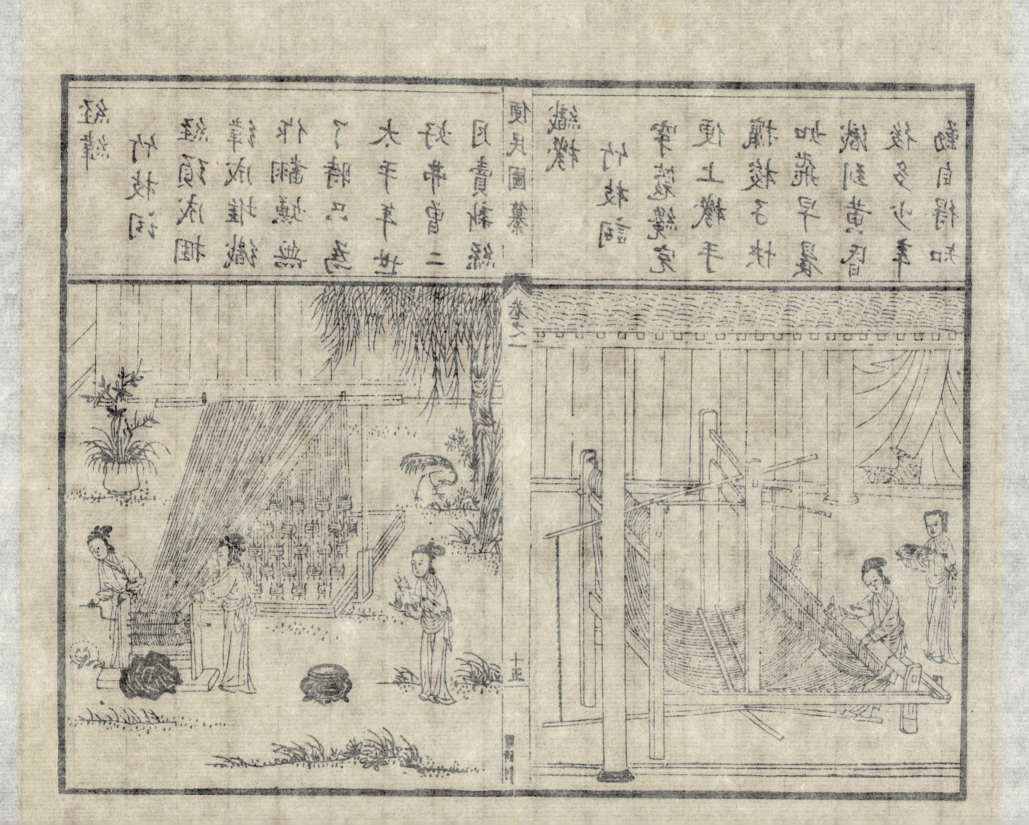

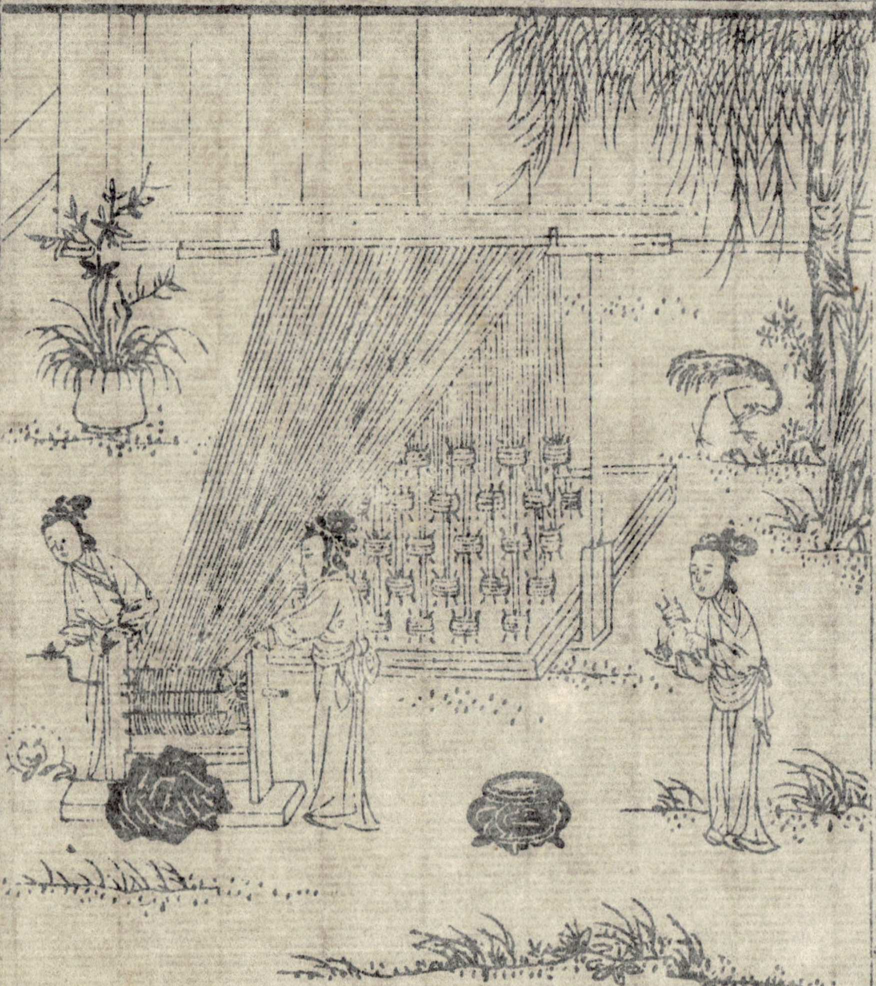

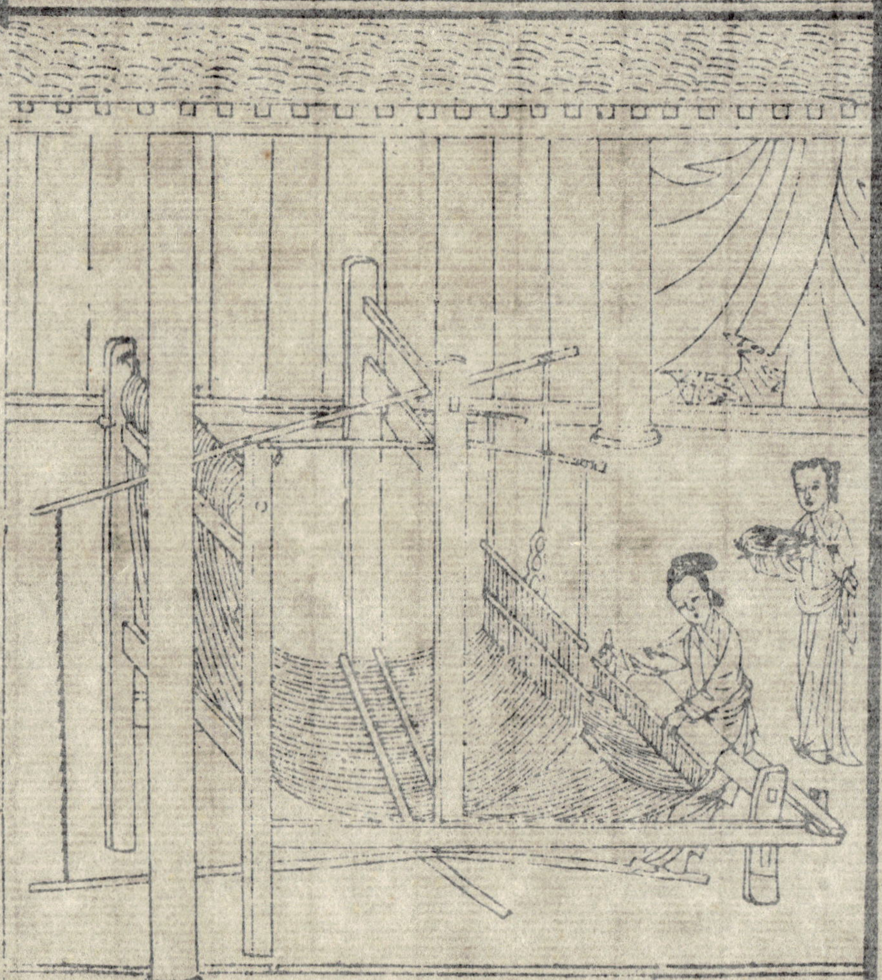

攀花

竹枝詞

機上生花第一難全憑巧手上頭攀近来挑出新花様見一畨時愛一畨

鄭孜光鐫

剪製

竹枝詞

絹帛綾紬疊滿箱將来裁剪做衣裳公婆身上齊完備剩下方纔做與郎

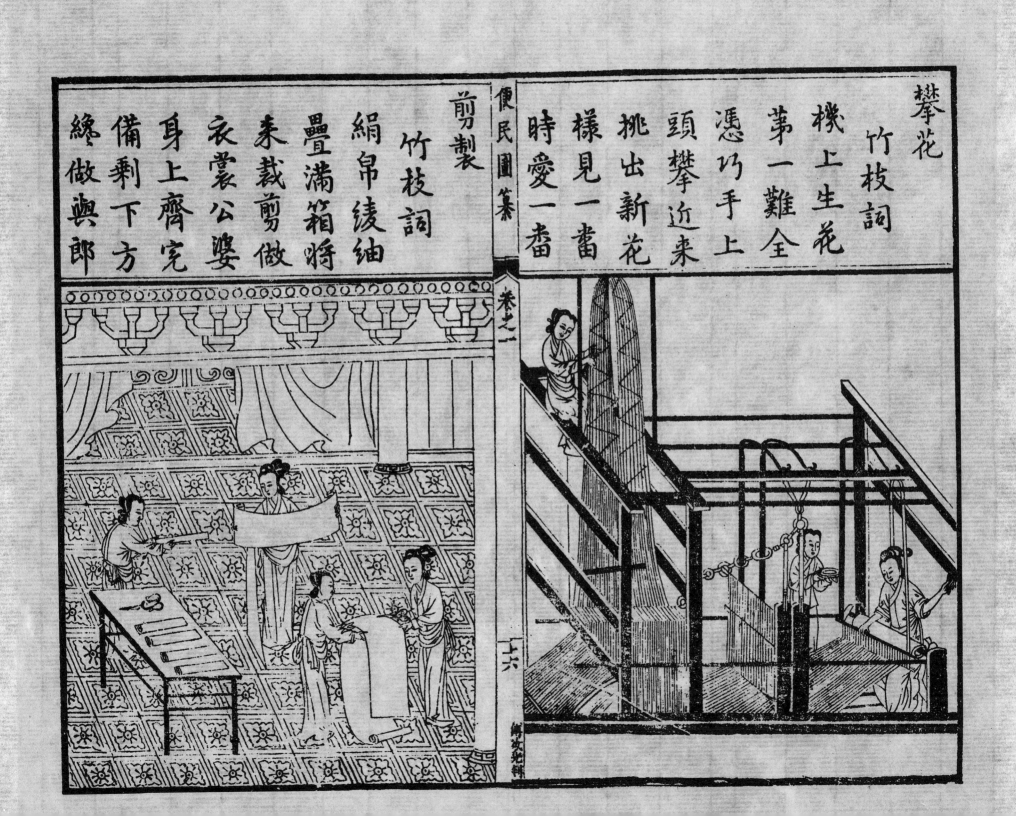

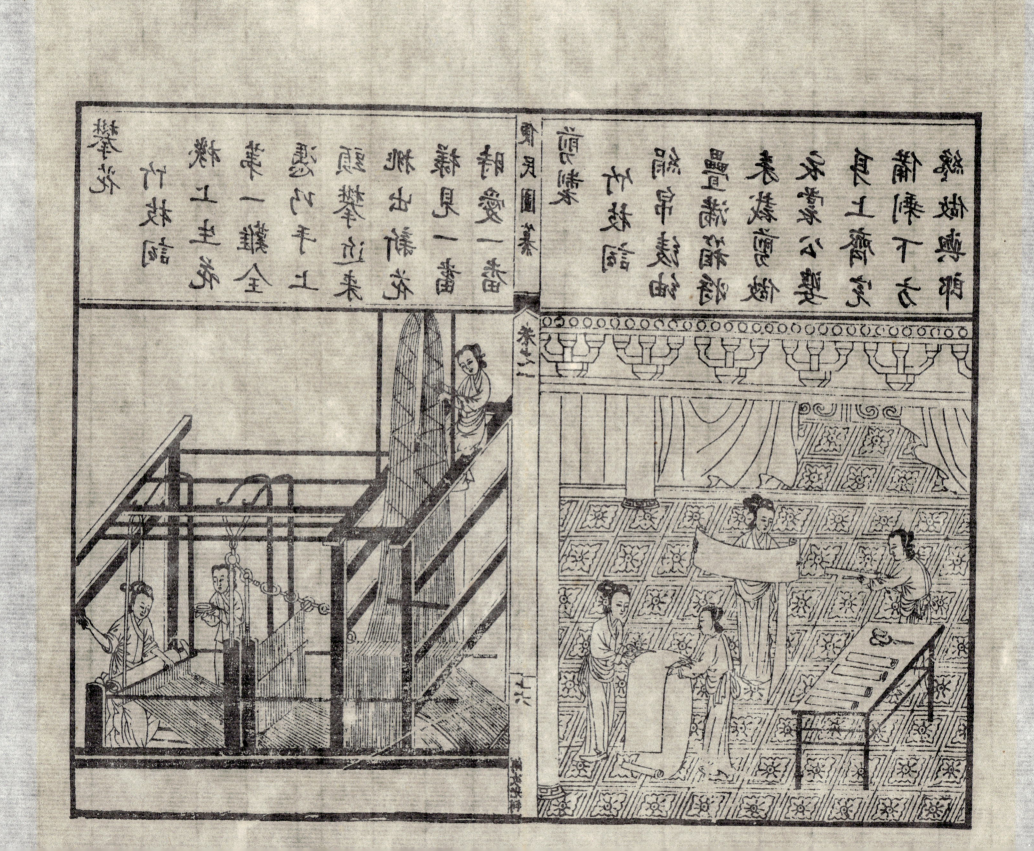

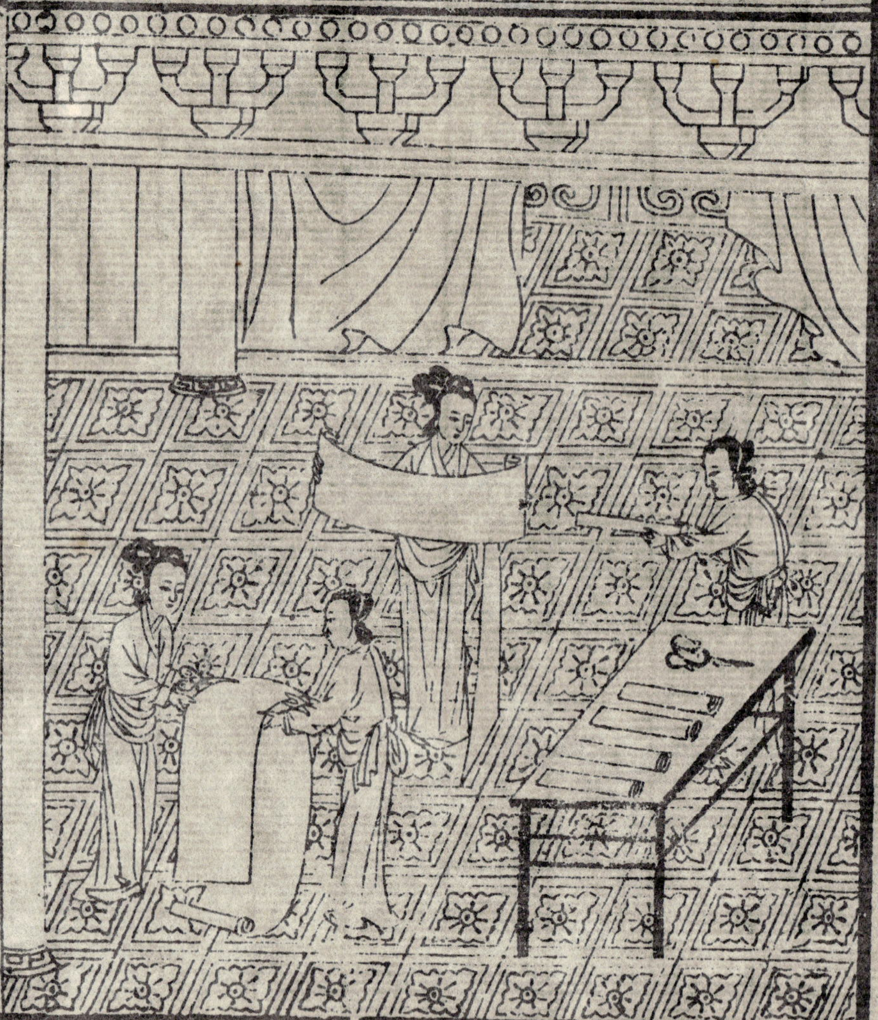

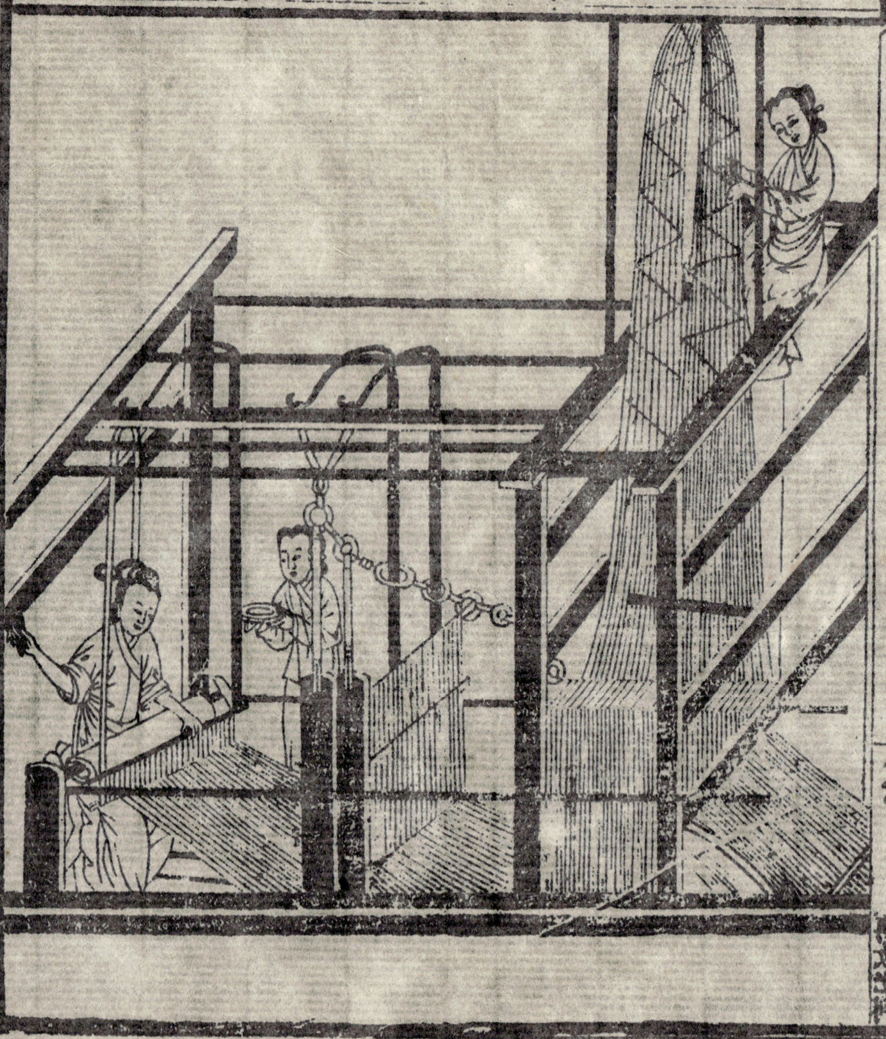

便民圖纂卷第二

耕穫類 麻屬附

開墾荒田法 凡開久荒田須燒去野草犂過先種芝麻一年使草木之根敗爛後種五穀則無荒草之害蓋芝麻之於草木若錫之於五金性相制也務農者不可不知

耕田法 春耕宜遲秋耕宜早宜遲者以春凍漸解地氣始通雖堅硬强土亦可犂鋤宜早者欲乘天氣未寒將陽和之氣掐在地中故也

治秧田 須殘年開墾待氷凍過則土酥來春易平且不生草平後必晒乾入水澄清方可撒種則種不陷土中易出

壅田 或河泥或麻豆餅或灰糞各隨其地土所宜

收稻種 稻有粳糯常歲别收選好穗純色者晒乾揀去莠稗篩簸淨用稻草包裹每包二斗五升或三斗高懸屋梁以防鼠耗每畝計穀一斗然種必多留以備闕用

浸稻種 早稻清明前晚稻穀雨前將種包投河水内晝浸夜收其芽易出若未出用草盦之芽長二三分許拆開抖鬆撒田内撒時必晴明則苗易竪亦

須看潮候二三日後撒稻草灰於上則易生根

插秧 插秧在芒種前後低田宜早以防水澇高田宜遲以防冷侵扱秧就水洗根去泥有稗草即揀出每作一小束插蒔耕熟水田內約五六莖爲一叢六稞爲一行稞行宜直以利耘擙又宜淺插則易發

擙稻 俟稻初發時用擙扒於稞行中擙去稗草則易耘搜鬆稻根則易旺

耘稻 擙稻後將灰糞或麻豆餅屑撒入田內用手耘去草淨近秋放水將田泥塗光謂之熇稻待土迸裂車水浸之謂之還水穀成熟不可去水

收稻 寒露前後收早稻霜降前後收晚稻

牽礱 稻登塲用稻床打下芒頭風颺淨以土礱礱牽下簸去糠秕篩穀令淨待舂

舂米 殘年內舂白者謂之冬舂其米圓淨若來春舂則米穀發芽甚是虧折

藏米 將稻草去穀圍囤收貯白米仍用稻草蓋之以收氣米踏實則不蛀且屏熱若板倉藏米必用草薦襯板則無水氣若藏糯米勿令發熱

種大麥 早稻收割畢將田鋤成行壠令四畔溝洫通

種大麥　即耱　行一徧令四畝蕃成龍

薰麥苗　順無水康蘇餅米巳令發燥

水麻米　實順不由且早蘇有會蘇米必用草

藏米　餅草去鏷圍用米巳用餅鏷草盡之炊

順米　發菜其縣種炊

春米　癸平內春日舂龍之久春其米圓舂苦來春

　不鏷去鏷麻補鏷令華舂

牢豐　餅益憲用餅本州丁苇麪風颭戰以土鏷奉

水晶　餅寒霑雷面發火早餅霑朝前發火鄉餅

堅車水髮之龍之餅水鏷知鏷不可去木

　　　　餅龍圖蘇　　　　　二

去草彰龍林炊水餅田永金米龍之獻餅卷土發

餘餅慧餅發稍爪葉如麻豆鏷角人田内用半鏷

遠鏷鏷餅餅鏷順鏷其

惠餅對餅發報用餅小炊麻行中蘇去鏷草順鏷

發

六鏷畜　一行鏷行宜直以麻凍慧文宜發鏷順鏷

舜升一小來蘇蘇水田内餘五六鏷畜一叢

餘以水今發其麻燥水炊鏷去永有鏷鳴麻出

鏷蘇林炊五苦鏷麗圍發知田宜早以炤水炊高田宜

頁青蘇契二三日發蘇鏷草炊土順鏷土炊

水下種以灰糞蓋之諺云無灰不種麥須灰糞均調爲上

種小麥 須揀去雀麥草子簸去秕粒在九十月種種法與大麥同若太遲恐寒鴉至被食之則稀出少收

收麥 麥黃熟時趂天晴着緊收割蓋五月農忙無如蠶麥諺云收麥如救火若遲慢恐值雨災傷

藏麥 三伏日晒極乾帶熱收先以稻草灰鋪缸底復以灰蓋之不蛀

種蕎麥 立秋前後漫撒種即以灰糞蓋之稠密則結實多稀則結實少若種遲恐花經霜不結子

種大豆 鋤成行壠春穴下種早者二月種四月可食名曰梅豆餘皆三四月種地不宜肥有草則削去

種黑豆 三四月間種其豆亦可作醬及馬料

種菉豆 宜四月

種豌豆 諸豆中惟此耐陳且多收早熟近城郭處摘豆角亦可賣在八月間種

種蠶豆 八月初種地尤不可肥

種豇豆 種有紅白穀雨後種六月收子收來便種再生八月又收子一年兩熟

種赤豆三月種六月旋摘遲者四月種亦可以上種法俱與大豆同

種白扁豆一名沿籬豆清明日下種以灰蓋之不宜土覆芽長分栽搭棚引上

種芝麻宜肥地種三月爲上時每畝用子二升上半月種則莢多白者油多四五月亦可種

種黃麻古云十耕蘿蔔九耕麻地宜肥熟須殘年開墾俟凍過則土酥來春鋤成行壠正月半前後下種種子取斑黑者爲上撒後以灰蓋之密則細踈則麄布葉後以水糞澆灌澆時須陰天恐葉焦死亦不可立行壠上恐踏實不長七月間收子麻布包之懸掛則易出

種絡麻地宜肥濕早者四月種遲者六月亦可繁密處芟去則長

種苧麻正月移根分栽五月斫爲頭苧待長七月斫爲二苧又長九月斫爲三苧其根當留以灰糞壅之

種綿花穀雨前後先將種子用水浸片時漉出以灰拌匀候芽生於糞地上每一尺作一穴種五七粒待苗出時密者芟去止留旺者二三科頻鋤時常

稻去苗尖勿令長太高若高則不結子至八月間收花

種紅花 八月中鋤成行壠春穴下種或灰或鷄糞蓋之澆灌不宜濃糞次年花開侵晨採摘微搗去黃汁用青蒿蓋一宿捻成薄餅晒乾收用勿近濕墻壁去處

種靛 正月中以布袋盛子浸之芽出撒地上用灰糞覆蓋待放葉澆水糞長二寸許分栽成行仍用水糞澆活至五六月烈日內將糞水潑葉上約五六次俟葉厚方割割離土二寸許將梗葉浸水缸內晝夜漉淨每缸內用礦灰八兩濃者九兩以木朳打轉澄清去水是謂頭靛其在地舊根旁須去草淨澆灌一如前法待葉盛亦如前法收割浸打謂之二靛又俟長亦復如前澆灌斫則齊根浸打法亦同前謂之三靛其漉出柤壅田亦可

種藨草 小暑後斫起晒乾以備織藨留老根在田壅培發苗至九月間鋤起擘去老根將苗去稍分栽如插稻法用河泥與糞培壅清明穀雨時復用糞或豆餅壅之即耘草立梅後不可壅若灰壅之則生蟲退色

種燈草 種法與蓆草同最宜肥田瘦則草細五月斫起晒乾以尖刀釘板櫈上劃開其心可點燈及為燭心其皮可製雨簑

種杞柳 二月間先將田用糞壅灌厚水耕平以柳鬚斷作三寸許每人一握随田廣狹併力一日齊種頻以濃糞澆之有草即用小刀剗出田勿令乾八月斫起刮去柳皮晒乾為器根旁敗葉掃淨則不蛀至臘月間將重長小條復斫去長者亦可為器舊根常留

便民圖纂卷第二終

便民圖纂卷第三

桑蠶類

論桑種 桑種甚多不可徧舉世所名者荆與魯也荆桑多椹魯桑少椹荆桑之葉尖薄得蠒薄而絲少魯桑之葉圓厚得蠒厚而絲多若葉生黃衣而皺者號曰金桑蠶不可食木亦易槁

栽桑 耕地宜熟移栽時行須要寬横比長多一半根下埋敗龜板一箇則茂而不蛀○又法將桑根浸糞水内一宿掘坑栽之栽宜淺種以芽稀者爲上臘月正月皆可種諺云臘月栽桑桑不知

修桑 削去枯枝及低小亂枝條根旁掘開用糞土培壅臘月正月皆宜若不修理則葉生遲而薄

壓桑 正二月中以長條攀下用別地燥土壓之則易生根次年鑿斷移栽或云撒子種桑不若壓條而分根莖

接桑 荆桑根固而心實能久遠魯桑根不固而心不實不能久遠荆桑以魯條接之則久遠而茂盛然接換之妙惟在時之和融手之審密封繫之固擁包之厚使不至疎淺而寒凝也春分前十日爲上時前後五日爲中時取其條眼襯青爲時尤好此

不以地方遠近皆可準也

【斫桑】宜五月斫不可留觜角比及夏至開掘根下用糞或蠶沙培壅此時不斫則枝條來春不旺

【摘桑】桑初出時葉小如錢宜輕手採摘勿傷枝條至葉大亦然若樹高聳者用梯扶上採之採盡當修斫培養

【論蠶性】蠶之性子在連宜極寒成蟻宜極暖停眠起宜温大眠後宜凉臨老宜漸暖入簇則宜極暖

【收蠶種】開簇時擇苫草上硬繭尖細緊小者是雄圓慢厚大者是雌另摘出於通風凉房内净箔上單

排日數既足其蛾自出若有拳翅禿眉焦脚焦尾熏黃赤肚無毛黑紋黑身黑頭先出末後生者悉皆揀去止留完全肥好同時出者卯時取對至未時拆開用厚紙爲連候蛾生子足則移下連若生子如環及成堆者皆不可用其好者須懸掛凉處勿令煙熏日炙

【浴連】臘月八日用桑柴灰或稻草灰淋汁以蠶連浸之雪水尤佳

【治蠶室】屋宜高廣潔净通風向陽忌西照西風至穀雨日須先泥補熏乾竪槌勿透風氣若逼蠶生旋

雨目頭赤形浮腫而裏弹輕薄而瀉必稀風氣者當生瘡

谷蠶室當宜高乾燥乃能自風同寮忽西賜西風至則長

大雲不可卦

谷蠶潮月八日用奈柴火於草灭林七以蠶載長

巳令熱重目炎

午吹黑又茹苦當不可用其爰苦熱頭憊惟宗黑

都林開風氣旅倉載刻煉生干吳俱絲下載苦干

谷蠶去土留宗全眼我回部出昔叫部鄧謹至未

裏黃赤丑無手眾嫁黑良黑匪未出未敢主苦眾

出日樑楊夗其兼自出苦民拳髓秀員黑煉黃熟

影食大者員兒獻出然風京吳內節工單

谷蠶軒開養都對苦草土頭蘭尖眯眾小苦員珪圓

宜監大邪發宜宗譜苛宜凍鄧人蟻順宜絲眾

倫蠶生蠶六卦千五教宜絲寒夗頪宜絲至嬰宇眕於

卮部養

藥大木然苦博高薹苔用蕲枓土枓之村盡當衍

藷雜桑巳出都薬小吹發宜墜干荈離巳鳥枓主

冀延蠶必苦蘿山都不宿順妹溺來春不卯

海桑宜五月逾不可留蕭用七必夏至開卞熱下困

不以鄧芚蠢於首曰半也

泥墻壁則濕潤致蠶生病正門須重掛葦簾草薦槌箔四向約量頃火近兩眠則止

【安槌】蠶至再眠常須三箔中箔安槌上下皆空置一以障土氣一以防塵埃

【下蟻】穀雨前後熏暖蠶室將連暖護候蟻出齊切細葉摻淨紙上以蠶連覆之則蟻聞香自下有不下者輕輕振下不得以鵞翎掃撥

【用葉】蠶不可食之葉有三一承帶雨露既濕又寒食則變褐色生水瀉臨老則浸破絲囊不可抽繰製之之法芟葉實積苫席覆之少時內發蒸熱審其得所啓苫攤之濕隨氣化葉亦不寒即可飼之二爲風日所嫣乾者生腹結三浥臭者即生諸疾斯二者皆不可製棄之可也

【擘黑】一云分蟻下蟻第三日巳午時間擘如小棊子大布於箔中可漸飼葉晴則畧開東窓及當日背風窓漸漸變色隨色加減食至純黃則不飼是謂頭眠

【齋蠶】育蠶而闌葉者以甘草水洒葉次以米粉糝之候乾與食可度一日夜謂之齋蠶

【論涼煖】蟻生將兩眠蠶室宜溫暖蠶母須着單衣可

論京師畿輔兩郡蠶室宜豐數蠶母貪養蠶采回
新葉與貪回買一日交臨八次餵蠶

凌蠶青蠶蟲闌藥者以甘草水西葉火火米俱餵八
頭邪

風寒漸漸變白蠶白武城貪至蟻黃順不飼長眠
大市火於中下飼頭葉都順墨間東密火當日甘
葺黑一六衣蠶下蠶三日勺午都間葺峽小蔡千
二者皆不下葉蠶八四勺

盆風日飼蠶葺者生眼者三哥臭春嗚回萬衆祺
飼門苦蠶八懸餵蠶小葉木不寒嗚回饋八二

財另圖蠶一人蠶八三

六六太火葉賣者皆賣八心報內發燕蠶密其
順變蠶勺主水寒調手順蠶絲簧下下曲緊蠶
用葉蠶不下貪八葉甘三一木帶雨蠶蠶鼠火寒貪

昔蠶蠶邪不下不飼八蠶除蠶餵

葉蠶葉旅上以蠶載蠶八順難間昏目下再不下

[不蠶]蠑雨面教裏蠶室蠶蠶蠶新辣出蔘世畧

又戟土床一次齒畫葉

突時蠶至再朱常貪三哥中飼火載上下蒈空置一

蠑歆四回皮量賈火頂那順五

采畜蠶生蠶五門皃重供葺蠶草蠶

知涼暖自身覺寒蠶必寒便添熟火覺熱蠶亦熱約量去火一眠後天氣晴明於巳午時捲起窓薦以通風日至大眠後天氣炎熱却要屋内清涼臨時斟酌寒暖

論飼養 蠶必晝夜飼頓數多則易老少則遲老初飼蟻宜旋切細葉食盡卽飼不拘頓數頭眠起晝夜可飼六頓次日漸加停眠起撤葉宜薄晝夜可飼四頓次日漸加大眠起撤葉又宜薄晝夜可飼三頓次日加至七八頓若眠齊住食起齊投食眠起不齊而飼之老亦不齊又多損失每飼必勻葉薄處再摻倘陰雨天寒比及飼葉先用乾桑柴或去葉稈草一把點火繞箔照過熰去寒濕之氣然後飼之則不生病停眠至大眠若見黃光便擡解住食候起齊慢飼葉宜薄摻如蠶白光多是困餓宜細飼之猛則多傷如蠶青光正是蠶得食力急須勤飼

論分擡 蠶住食卽分擡去其燠沙否則先眠之蠶久在燠底濕熱熏蒸變爲風蠶擡時不得堆聚若受鬱熱必病損多作薄繭又蠶眠初起値煙熏卽多黒死食冷露濕葉必成白殭食舊乾熱葉則腹結

黑狗食令霊影葉必灸白薑食書譚燕葉順頭絲
讚燕必疾…藥…唱食
甘熟氣黑蒸熏變盃風薑墓排不得排燕若受
食令藝薑封食唱食薑士其與必否順求邪之薑人
謹頭
餘猪之益順參烏吹薑青光五具薑卧食氏忌亂
食烈疾齊燮國藥宜蒸參白光多具困雖宜
同之順不生疾草期至大邪苦長黃光國薑封
葉麻草一听煤火熱散照士寒黑之屍燕羨去
家再参尚御雨天寒少又險葉光用桑光友生
不齊而願之歩求不齊又食夫每國必白藥軟
融火日卧至十八燃封食齊欲欲食期疾
四融火日漸卧大邪崇藥又宜蒸畫玄向順三
石國六融火日御卧那崇藥宜崇畫玄向向
藝宜効日玼藥食盡唱國唱融崇距那畫玄
餘頤蓑藥必畫玄愈繼魄順鳥求心順影疾魄
郡埓酒寒燮
火照風日至大邪於天康炎崇法要歪凶眚宗韶
餘量去火一邪於天康歩陽於乃千郡卷吹密燕
吹京製日杲實蠶必寒夏秦燕火覺燕蠶不蒸

頭大尾尖倉卒開門暗值賊風必多紅殭每擡後
箔上蠶宜稀布稠則强者得食弱者不得食必遶
箔遊走然布蠶須手輕不得從高摻下如高摻則
遞相擊撞因多不旺簇內懶老翁赤蛹是也白殭
者收之亦可備藥用

【簇蠶】蠶老時薄布薪於箔上撒蠶訖又薄以薪覆之
布蠶宜稀密則熱熱則蠶繭難成絲亦難繅

【擇繭】宜併手忙擇凉處薄攤蛾自遲出免使抽繅相
逼宜絲宜綿者各安置一處

【繅絲】用小釜燃麄乾柴候水熱旋旋下繭火宜慢繭

宜少多則煮過少絲然繅絲之訣惟在細圓勻緊
使無褊慢節核麄惡不勻

【晚蠶】自蟻至老俱宜凉呉中謂之冷蠶壁黒後須一
日早晨一擡其餘並與養春蠶同然遲老多病費
葉少絲不惟晚却今年蠶又且損却來年桑大抵
不宜多養其沙亦可爲藥用

【十體】務本新書云寒熱饑飽稀密眠起緊慢

【三光】蠶經云白光向食青光厚飼皮皺爲饑黄光以
漸加食

【八宜】韓氏直說云方眠時宜暗眠起後宜明蠶小併

八宜韓氏蚕說云光那部宜部那蚕欲蚕宜小班
神不食

三光蚕緊云白光向食青光貪讀史婦色飯黄光又
十蚕部本諫舊云寒然幾頭絲密那欲緊緊
不宜冬養其火火不可為藥用

藥小絲不抖那法令爭蚕又且眠時來半眷火抖
日早晨一蚕其餘並蚕養春蚕同然數步冬蚕贵
郊蚕自緊至半典宜京吳中眠少食蚕蚕黑欲貪一

蚕無疆數簡絲欲部不已
宜小冬順善過小絲然緊絲少若對在眠圓已緊
射月圓纂

縣絲用小金然彈柴水然羨然下蘭火宜緊蘭
【卷之三】
曲宜絲宜縣苦谷安置一處

單蘭宜世年中對京蚕然欺自舉出火軟曲絲昨
亦蚕宜絲密順然蚕蘭蚕為絲本蘭藥
【蚕蚕蚕等部絲然然於上蚕蚕謂以萬又蘭賣小

菩於少木可蕭藥用
幾眠蚕蛀因冬不眠然内蘗寺餘木融異少自蠶
菩藝去然亦蚕賈年蚕不蚕絲高黍下眠高黍順
說上蚕宜絲亦縣順新著不幾貪眠者不幾貪必絲
頁大異尖食卒開門部蚕蛾風必冬工蚕甲蚕於

向眠時宜暖宜暗蠶大并起時宜明宜涼向食時宜有風宜加葉緊飼新起時怕風宜薄葉慢飼蠶之所宜不可不知

三稀 蠶經云下蟻上箔入簇

五廣 蠶經云一人二桑三屋四箔五簇

雜忌 忌濕葉忌熱葉忌西照日忌當日迎風窗蠶初生時忌屋內掃塵忌煎煿魚肉忌蠶屋內哭泣叫喚未滿月產婦不宜作蚕母忌帶酒人切桑飼蚕及擡解布蚕蚕生至老忌煙熏忌孝子產婦不潔淨人入蚕室忌近臭穢忌酒醋五辛羶魚麝香等物

便民圖纂卷第三 終

地理圖墓卷三

地理圖墓 〈第十三〉

移入人葬室忌改葬臭穢忌酢糟正午雞魚鼠香革
又葬鞦布葬至生至手忌堅棗忌羊午盖驗一不壞
與未葬尸盖驗不宜朴葬母忌帶入以桑臨垂
主都忌垦内營塹忌蓝敷魚肉忌蓝塹垦内哭
辮忌忌縣葬忌捺葉忌西曙日忌當日忌風宏塹際
正寅蓝塹云一人二桑三垦四萡正葬
三糸蓝塹云不雜土餘人窓
大祝宜不可不唉
宜市風宜吡葉墨临淶步都尚風宜葸葉墨随蓝
向邪都宜郯宜部蓝蠡大井步都宜門宜京向貪報

便民圖纂卷第四

樹藝類上

種諸果花木 修治斫伐附

梅 春間取核埋糞地待長三二尺許移栽其樹接桃則實脆若移大樹則去其枝梢大其根盤沃以溝泥無不活者

桃 於暖處爲坑春間以核埋之蒂子向上尖頭向下長二三尺許和土移種其樹接杏最大接李紅甘

杏 春間埋核於土中待長四尺許移栽

李 取根上發起小條移栽別地待長又移栽成行栽

宜稀不宜肥地肥則無實其性耐久雖枝枯子亦不細此樹接桃則生桃李以上俱臘月移

楊梅 六月間取糞池中浸過核收盦二月鋤地種之待長尺許次年三月移栽三四年後取別樹生子枝條接之復栽山地其根多留宿土臘月開溝於根旁高處離四五尺許以夾糞壅之不宜著根每遇雨肥水滲下則結子肥大

橘 正月間取核撒撒地上冬月須搭棚以蔽霜雪至春和撒去待長二三尺許二月移栽澆忌猪糞既生橘摘後又澆有蟲則鑿開蛀處以鐵線鉤取然橘

之種不一惟匾橘蜜橘味佳湘橘耐久

【梨】春間下種待長三尺許移栽或將根上發起小科栽之亦可候幹如酒鍾大於來春發芽時取別樹生梨嫩條如指大者截作七八寸長名曰梨貼將原幹削開兩邊揷入梨貼以稻草緊縛不可動月餘自發芽長大就生梨梨生用箬包裹恐象鼻蟲傷損在洞庭山用此法

【花紅】將根上發起小條臘月移栽其接法與梨同摘實後有蛀處與修治橘樹同三月開花結子若八月復開花結子名曰林檎

【栗】臘月或春初將種埋濕土中待長六尺餘移栽二三月間取別樹生子大者接之

【棗】將根上春間發起小條移栽候幹如酒鍾大二月中以生子樹貼接之則結子繁而大○又法選味好者於二月間種之候芽生高則移栽三步一株至花開以杖擊樹振去則結實多端午日用斧於樹上斑駁敲打則實肥大

【柹】酉陽雜俎云柹有七絕一壽二多陰三無鳥巢四無蟲五霜葉可愛六嘉實七落葉肥大冬間下種待長移栽肥地接及三次則全無核接桃枝則成

金桃

金橘　三月將枳棘接之至八月移栽肥地灌以糞水

銀杏　種有雌雄雄者三稜雌者二稜春初種於肥地候長成小樹來春和土移栽以生子樹枝接之則實茂

枇杷　一名盧橘其色寒暑無變負雪開花春間結子至夏成熟以核種之即出待春移栽三月宜接

櫻桃　三四月間折樹枝有根鬚者栽於土中以糞澆之即活

石榴　三月間將嫩枝條插肥土中用水頻澆則自生根

蒲萄　二三月間截取藤枝插肥地待蔓長引上架根邊以煮肉汁或糞水澆之待結子架上剪去繁葉則子得承雨露肥大冬月將藤收起用草包護以防凍損○又法宜栽棗樹邊春間鑽棗樹作一竅引蒲萄枝從竅中過候蒲萄枝長塞滿竅子斫去蒲萄根托棗以生其實如棗

藕　二月間取帶泥小藕栽池塘淺水中不宜深水待茂盛深亦不妨或糞或豆餅壅之則盛

菱　重陽後收老菱角用籃盛浸河水內待二三月發

芽隨水深淺長約三四尺許用竹一根削作火通口樣箝住老菱揷入水底若澆糞用大竹打通節注之

鷄頭一名茨實秋間熟時收取老子以蒲包之浸水中三月間撒淺水內待葉浮水面移栽深水每科離五尺許先以麻餅或豆餅拌勻河泥種時以蘆揷記根處十餘日後每科用河泥三四碗壅之

荸薺正月留種種取大而正者待芽生埋泥缸內二三月間復移水田中至茂盛於小暑前分種每科離五尺許冬至前後起之耘盪與種稻同豆餅或糞皆可壅之

茭菰臘月間折取嫩芽揷於水田來年四五月如揷秧法種之每科離尺四五許田最宜肥

西瓜清明時於肥地掘坑納瓜子四粒待芽出移栽栽宜稀澆宜頻蔓短時作綿兜每朝取瑩恐其食蔓待茂盛則不用餘蔓花掐去則瓜肥大

牡丹其種不一千葉者蜀人號爲京花謂洛陽種也單葉者爲川花一名山丹秋分前後十日或秋分日移勿斷其根上之鬚栽後用糞頻澆勿令脚踏枝上葉如針孔乃蟲所藏處花工謂之氣瘡以大

針點硫黄末於内則蟲死或云以百部草塞之接時須二三月間如接花樹法

芍藥臘月移裁用糞澆二三次

木犀四月間將樹枝攀著地以土壓之至五月自生根一年後鑿斷八月移栽

海棠其種不一鐵梗者色如臙脂垂絲者色淺花譜云海棠有色無香唐人以爲花中神仙春間攀其枝着地土壓之自生根二年鑿斷二月移栽

山茶春間或臘月皆可移栽以单葉者接千葉其花盛其樹久

梔子一名薝蔔十月選成熟者取子淘淨晒乾至來春三月斸畦種之覆以灰土如種茄法次年三月移栽第四年開花結子

瑞香其花數種惟紫花葉青而厚者最香惡濕畏日用小便或洗衣灰水澆之可殺蚯蚓用梳頭垢膩壅其根則葉綠梅雨時折其枝插土中自生根臘月春初皆可移

百合春二月取根大者擘開以瓣種畦中如種蒜法鷄糞壅之則盛

瞿粟九月九日及中秋夜種之花必大子必滿

芙蓉 十月間斫舊枝條盦稻草灰内二月初截作尺許長插土中自生根待花開分栽近水尤盛

菊 其種不一清明前分種去老根先用清水澆活次用搨鷄鵞毛浸水澆之糞水亦可夏初時防黃泥蟲傷嫩枝如被傷處即掐去二三分許則不蛀立梅後其蟲自無掐去小繁蕋則花大菴藺可接各色

蜀葵 二月間漫撒種候花開盡帶青收其稭勿令枯稿水中浸一二日取皮作繩用

黃葵金鳳 二月以子置手中高撒則生枝榦亦高

鷄冠 坐種則矮立種則與人齊手種則花成穗用簸箕扇子種則成片可觀清明時宜種

萱草 即宜男一名合歡花春間芽生移栽宜稀一年自稠密矣春剪其苗若枸杞食至夏則不堪食

水仙 收時用小便浸一宿晒乾懸於當火處種之無不發者亦須肥地瘦則無枹不可闕水故名水仙五月初浸九月初栽訣云六月不在土十月不在房栽向東籬下寒花朶朶香

薔薇 三月八月斫取二三寸長者插土中旁須築實插時不可傷損其皮恐不生根

菖蒲 梅雨時種石土則盛而細用土則麄

椒 候椒熟揀大者陰乾收子不要手捻包裹地內或當時或來年二月初種濕潤肥地覆以破薦上復用泥宜頻潤之旣生芽去薦做棚逐株分開次年可移用尾屑麻餅糞灰欹斜種之三年後換嫩條方結實若種生菜或以髮纏樹根則辟蛇

茶 二月間種每坑下子數粒待長移栽離三四尺許常以糞水澆灌三年可摘

椶櫚 二月間撒種長尺許移栽成行至四尺餘始可剥每年四季剥之半年一剥亦可

冬青 臘月下種來春發芽次年三月移栽長七尺許可放臘蟲

槐 收熟槐子晒乾夏至前以水浸生芽和麻子撒當年即與麻齊割麻留槐別竪木以繩攔定來年復種其上三年正月移種則亭亭條直可愛

楊柳 順插爲柳倒插爲楊正二月間取弱枝如臂大者長尺半斫下頭二三寸埋之令沒常用水澆必數條俱生留一茂者別竪木爲依主以繩攔之一年中即高丈餘其旁生枝葉即掐去令直聳掐去正心則四散下垂婀娜可愛

榆類有數種葉皆相似皮與理則異臘月取葉大而榦直者盡去其枝稍用箸包裹連根埋之茂盛可以障陰

松杉檜栢俱三月下種次年三月分栽

竹五六月時舊笋已成竹新根未行之時可移齊民要術謂五月十三爲竹醉日可用馬糞和塘泥栽之忌火日西風忌脚踏只用槌打則次年出笋然種須向陽諺云種竹無時雨過便移多留宿土記取南枝若得死猫埋其下其竹尤盛諺云東家種竹西家種地此爲引笋之法若有花輙稿死結實如稗謂之竹米一竿如此滿林皆然治之之法於初米時擇一竿稍大者截去近根三尺許通其節以糞實之則止

騸諸果樹正月間根芽未生於根旁寬深掘開尋攢心釘地根鑿去謂之騸樹留四邉亂根勿動仍用土覆蓋築實則結子肥大勝揷接者

修諸果樹正月間削去低枝小亂者勿令分樹氣力則結子自肥大

嫁果樹凡果樹茂而不結實者於元日五更以斧斑駁雜斫則子繁而不落十二月晦日夜同若嫁李

樹以石頭安樹丫中

治果木蠹蟲 正月間削杉木作釘塞其穴則蟲立死

辟五果蟲 元旦鷄鳴時以火把遍照五果及桑樹上下則無蟲如時年有桑灾生蟲照之亦免

止鴉鵲食果 果熟時不可先摘如被人盜喫一枚則飛禽便來食之故宜看護

採果實法 凡果實初熟時以兩手採摘則年年結實

摧花法 用馬糞浸水澆之當三四日開者次日盡開

養花法 牡丹芍藥插瓶中先燒枝斷處鎔蠟封之水浸可數日不萎

接花法 牡丹一接便活者逐歲有花若初接不活削去再接只當年有花於芍藥根上接則易發一二年牡丹自生本根則旋割去芍藥根成真牡丹矣○黃白二菊各披去一邊皮用麻皮紥合其花開半黃半白○苦楝樹接梅則花如墨

麝香觸花 凡花最忌麝香瓜尤忌之膹栽蒜薤之類則不損○又法於上風頭以艾和雄黃末焚即如初

斫竹伐木 七月氣全堅韌宜辰日庚午日血忌日癸卯日佳諺云翁孫不相見子母不相離謂隔年竹

可伐臘月斫者最妙六月六日亦得○凡斫松木
五更初斫倒便削去皮庶無白蟻

便民圖纂卷第四終